# 神奇的纳米技术

SHENQI DE NAMIJISHU

廖胜根 编著

中国出版集团
现代出版社

图书在版编目（CIP）数据

神奇的纳米技术 / 廖胜根编著 . —北京：
现代出版社，2012.12（2024.1）
ISBN 978 – 7 – 5143 – 0786 – 3

Ⅰ . ①神… Ⅱ . ①廖… Ⅲ . ①纳米技术 – 青年读物
②纳米技术 – 少年读物 Ⅳ . ① TB303 – 49

中国版本图书馆 CIP 数据核字（2012）第 285340 号

神奇的纳米技术

| | |
|---|---|
| 编　　著 | 廖胜根 |
| 责任编辑 | 张桂玲 |
| 出版发行 | 现代出版社 |
| 地　　址 | 北京市安定门外安华里 504 号 |
| 邮政编码 | 100011 |
| 电　　话 | 010 – 64267325　010 – 64245264（兼传真） |
| 网　　址 | www. 1980xd. com |
| 电子信箱 | xiandai@ vip. sina. com |
| 印　　刷 | 三河市人民印务有限公司 |
| 开　　本 | 710mm × 1000mm　1/16 |
| 印　　张 | 14. 5 |
| 版　　次 | 2012 年 12 月第 1 版　2024 年 1 月第 9 次印刷 |
| 书　　号 | ISBN 978 – 7 – 5143 – 0786 – 3 |
| 定　　价 | 59. 80 元 |

# 前言 PREFACE

神奇的纳米技术

纳米技术在21世纪的今天，可谓是科学家们发现的新大陆。它是一个覆盖面极广而又多学科交叉的领域，近年来在全世界范围得到飞速发展。美国IWGN研究报告指出："纳米技术的研究目前已到达一个高度竞争和具有很大推动力的水平，有着不平常的高度和波及各方面的挑战；所有科技部门都必须明确地知道纳米技术的作用和贡献；向纳米技术的研究开发所做的投资对社会的回报将是巨大的，而且有战略上的重要性。"对于纳米技术，美国政府指出："众所周知，集成电路的发现创造了'硅时代'和'信息时代'，而纳米技术在总体上对社会的冲击将远比硅集成电路大得多，因为它不仅在电子学方面，还可以用到其他很多方面。有效的产品性能改进和制造业方面的进展，将在21世纪带领诸多产业革命。"

科技让我们的生活绚丽多彩，科技让我们梦想成真，科技让我们一步步逼近自由王国。当人们正沉浸于网络带来的无限风光之中的时候，不知不觉中，纳米技术——21世纪最具前景的技术，已如春风般扑面而来。纳米器件、纳米人造纤维、纳米建材等正在逐步走进我们的生活。纳米技术将渗透到医疗、药物、能源、环境、宇航、交通、生物、农业、国防等各个领域。纳米技术以其无可阻挡的强劲之势，向物理学、化学、生物学、电子学、力学等学科漫延开来。毫不夸张地说，纳米技术将席卷整个自然科学界，并对社会科学，乃至整个人类文明产生深远影响。我们没有理由不相信，21 世纪，纳米技术将站在时代的制高点，引领新科技的滚滚洪流。

本书介绍了纳米技术的最新研究成果并对其发展方向进行猜测，揭开了纳米技术神秘的面纱。内容新颖、语言通俗易懂、观点高瞻远瞩是本书的三大特点。本书的出版为纳米技术研究人员提供了思路，为政府官员与企业家指明了方向。本书也可作为在校大学生的科普读物，甚至中学生也可从中获益匪浅。

目录

# CONTENTS

神奇的纳米技术 SHENQI DE NAMI JISHU

# 走进纳米的世界



所谓纳米技术，是指在0.1～100纳米的尺度里，研究电子、原子和分子内的运动规律和特性的一项崭新技术。科学家们在研究物质构成的过程中，发现在纳米尺度下隔离出来的几个、几十个可数原子或分子，显著地表现出许多新的特性，而利用这些特性的技术，就称为纳米技术。纳米技术与微电子技术的主要区别是：纳米技术研究的是以控制单个原子、分子来实现特定的功能，是利用电子的波动性来工作的；而微电子技术则主要通过控制电子群体来实现其功能，是利用电子的粒子性来工作的。人们研究和开发纳米技术的目的，就是要实现对整个微观世界的有效控制。

纳米技术是一门交叉性很强的综合学科，研究的内容涉及现代科技的广阔领域。纳米科技是20世纪90年代初迅速发展起来的新兴科技，其最终目标是人类按照自己的意识直接操纵单个原子、分子，制造出具有特定功能的产品。纳米科技以空前的分辨率为我们揭示了一个可见的原子、分子世界。这表明，人类正越来越向微观世界深入，人们认识、改造微观世界的水平提高到前所未有的高度。有资料显示，2010年，纳米技术将成为仅次于芯片制造的第二大产业。

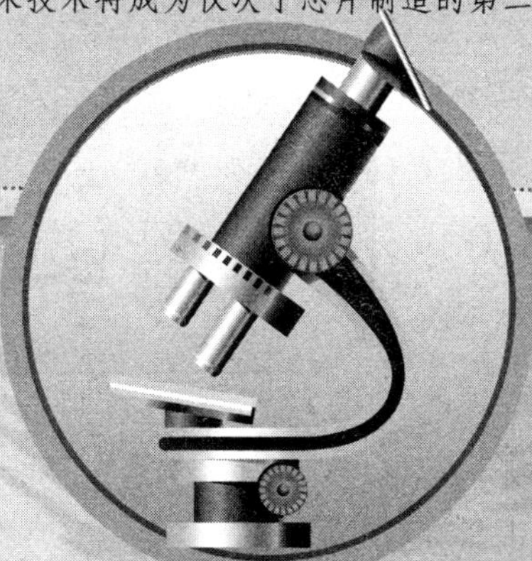

## 神奇的纳米世界

两千年多前，阿基米德曾说过：“给我一根足够长的杠杆，那我就能够移动地球。”当今也有人声称：“给我一根足够短的杠杆，我就能够移动单个原子。”

**知识小链接**

**杠杆**

在力的作用下如果能绕着一固定点转动的硬棒就叫杠杆。在生活中根据需要，杠杆可以做成直的，也可以做成弯的，但必须是硬棒。

和前者仅止于幻想不同的是，后者已经找到了这根杠杆，并成功地挪动原子拼出了“IBM”和金字塔等图案。如此能操纵单个原子的神奇技术，就是被科学家称为“改变未来的十大技术”之一的纳米技术。作为新型材料技术的一部分，它也在如今最热门的话题——“知识经济”中占有重要的一席。

给我一根足够长的杠杆　那我就能够移动地球

世界上一切物质都是由原子构成的，而原子又何等地微小！正因为原子的小，所以我们搬动原子，就意味着从本质上改变原有的一切，把神话一步步变为现实。如果把煤炭的原子重新排列组合就能得到钻石；把沙子的原子重新排列，再加上一些杂质（如磷）就能得到电脑的微处

理器；在尘埃、水和空气的原子上做些文章就能做成土豆。其实神乎其神的纳米技术，其理论基础却非常简单，说穿了就是利用原子的重新排列来生产各种产品，产品的特征取决于原子是如何排列组合的。

基础小知识

**原　子**

原子（atom）指化学反应的基本微粒，原子在化学反应中不可分割。原子直径的数量级大约是10^－10m。原子质量极小，且99．9%集中在原子核。原子核外分布着电子，电子跃迁产生光谱。电子决定了一个元素的化学性质，并且对原子的磁性有着很大的影响。

这种纳米技术在生物学上的应用，最贴近生活的一个方面大概就是为我们制造牛排。比如说有的人虽然喜欢肉的味道，但强烈反对杀生，所以只好成为素食者，将来的纳米技术正好可以解决这个矛盾。比如可以有一部专门生产牛排的机器，机器在分子水平上制造的牛排，其化学成分和结构同真的牛排是一模一样的，但绝对不是活牛的肉，而是由机器用从空气中提取的水、碳、氧和氢等原子构成的。如果这一设想成为现实。那将会产生对环境极其有利的影响。

就像电影《奇异的旅行》中一样，纳米技术还可制造能进入人体和动物体内器官中的“纳米机器医生”，可在人体或动物体内任意穿行实施手术、消除癌变、修复受伤的组织等等。纳米技术还可以帮助人们了解迄今为止只知其然而不知其所以然的意识和大脑思维，如果能逐个分析大脑的原子，就有可能了解人的思维过程以及人类精神世界和物质世界的联系。操纵原子可以将某一物质中的原子提出，再将新的原子植入，人类就有可能制造出新的智能生命和实现物种再构，也有可能把人类自身变成一种“超人”。现在，美国等几个国家研制的所谓隐形飞机，其实就是在飞机的外壳涂料中，使用了纳米技术。

纳米材料功能奇特。科学研究表明，物质到了纳米级后，其物理、化学性质就会发生根本性的变化，具有常规状态下所不具备的奇异或反常的物理、化学性质。如钢到纳米级就不导电，而绝缘的二氧化硅，处于20纳米时却开始导电了；高分子塑料，使用纳米技术制成刀具，就会比钻石刀具还硬；而纳米级的电脑芯片和光盘，其速度和记录密度更是非纳米级产品所无法比拟的。

纳米技术几乎关系到每一个科技领域，和国防、军事领域更是密切相关。正如任何一种科技的发展都可能给人类带来灾难一样，当人类真正步入纳米这个神奇的世界时，千万不要忘记，纳米技术的宗旨也是要造福于人类。

纳米技术与信息技术和生物技术一起被称为21世纪科技发展的三大热点。人类正在进入纳米时代，纳米技术将在各行各业产生深刻的影响，纳米技术产品将渗透到人类衣食住行各个方面，给我们的生活带来巨大变化。

20世纪50年代，一位著名的科学家在一次演讲中表述了如下观点："用较大的工具制造较小的工具，再用较小的工具制造更小的工具，直到得到能够对原子和分子直接进行加工和操纵的小工具，这可能意味着原子和分子可以听从安排、任人摆布。如果能在原子和分子的水平上制造材料和器件，人类将会有意想不到的崭新发现。"这一段话是关于纳米技术

**趣味点击　金字塔**

在建筑学上，金字塔指角锥体建筑物。著名的有埃及金字塔，还有玛雅金字塔、阿兹特克金字塔（太阳金字塔、月亮金字塔）等。相关古文明的先民们把金字塔视为重要的纪念性建筑，如陵墓、祭祀地，甚至寺庙。20世纪70年代开始，由于建筑技术的演进，达到轻质化、可塑化、良好的空调与采光，有些建筑师会从几何学选取元素，现代金字塔式建筑在世界各地建造出来。

的最早构想，也是关于纳米技术的十分形象和通俗的描述。

在探索自然、改造自然的过程中，人类对物质世界认识，随着科技的进步而不断深化。埃及的金字塔和中国的万里长城都是标志人类文明成就的标志性建筑，这些建筑结构单元的尺度是米级的。在以钟表为代表的精密机械产品中，结构单元的尺度精细了1000倍，达到了毫米级。微电子技术的诞生和发展，使我们进入了信息时代。在信息技术的核心——大规模集成电路中，元件的尺度精细到了微米级，只有用高倍显微镜才能看清。当科学家们探索自然的目光继续深入，聚焦在纳米级的尺度之上时，神秘之门豁然洞开，一个奇妙的新世界呈现在我们眼前。



## ◎充满神奇的纳米世界

当材料的尺寸小于100纳米时，其物理、化学特性就会发生意想不到的奇妙变化。当黄金或白银细分到纳米尺度的微粒时，美丽的光泽消失了，变成一些黑糊糊的微粒。如果分割操作是在空气中进行，这些微粒会自己燃烧起来。

事实上，当所有金属材料被细分为纳米级的超微粒时，都会失去金属的光泽。这是因为金属微粒的尺寸已小于光波波长，对光的反射能力大大减弱，而对光的吸收能力却大大增强了。至于金属超微粒在空气中的自燃，则是因为在超微粒状态下，处于表面的原子所占比例大大提高，而且极其活跃。在表面效应作用下，金属原子与空气中的氧发生剧烈的化学反应，从而燃烧起来。在探索纳米世界的奥秘时，常要用到一种叫作扫描探针显微镜的仪器。借助这种工具，不仅能观察

**测量光波的工具**

光元器件分析仪、偏振分析仪、偏振控制器、大功率光衰减器、光谱分析仪、数字通信分析仪、脉冲码型发生器、并行比特误码率测试仪、光接收机强化测试器

到物体表面的分子和原子，而且还能成功地实现对分子和原子的直接操纵和排布。扫描探针显微镜的工作原理有点类似于盲人探路，它用一根超细微的探针在物体表面扫过，探针感知的信息经电脑处理后，就能显示出物体表面分子和原子的图像。不过，这是一根精细无比的“探路棍”，其针尖只有原子般大小。

1990 年，美国 IBM 公司的科学家埃格勒在实验室的真空和超低温环境下，在一块镍晶体上成功地将 35 个氙原子拼成了“IBM”三个字母。虽然这三个字母加在一起的总宽度还不到 3 纳米，但是这在人类探索纳米技术的征途上，堪称一座宏伟的纪念碑。

32 纳米下的 IBM 图案

## 什么是纳米

“纳米”是英文 nanometer 的译名。另一种说法“纳米”一词源自于拉丁文“NANO”，意思是“矮小”。纳米是一个度量单位，是一个长度单位。纳米材料构筑的物质，是看不到、摸不着的微细物质。

1 纳米，即 $1nm = 10^{-9}m$，也就是十亿分之一米，约相当 4 个原子串在一起的长度，或者说，1 纳米大体上相当于 4 个原子的直径。如果将 1m 与 1nm 相比，就相当于地球与一个玻璃弹球大小相比。人的一根头发直径约为 80μm（微米），即 80000nm，如果一个汉字写入尺寸为 10nm，那么在一根头发丝的直径上就可写入 8000 字，相当于一篇较长的科技论文。

具体地说，一纳米等于十亿分之一米的长度，相当于4倍原子大小，万分之一头发粗细；形象地讲，一纳米的物体放到乒乓球上，就像一个乒乓球放在地球上一般。这就是纳米长度的概念。

基础小知识

### 分子

分子是物质中能够独立存在的相对稳定并保持该物质物理化学特性的最小单元。分子由原子构成，原子通过一定的作用力，以一定的次序和排列方式结合成分子。以水分子为例，将水不断分离下去，直至不破坏水的特性，这时出现的最小单元是由两个氢原子和一个氧原子构成的一个水分子（$H_2O$）。

人类知识大厦上存在着裂缝，裂缝的一边是以原子、分子为主体的微观世界，另一边是人类活动的宏观世界。两个世界之间不是直接而简单的连接，而是存在一个过渡区——纳米世界。几十个原子、分子或成千个原子、分子“组合”在一起时，表现出既不同于单个原子、分子的性质，也不同于大块物体的性质。这种“组合”被称为“超分子”或“人工分子”。“超分子”的性质，如熔点、磁性、电容性、导电性、发光性和染色及水溶性都有重大变化。当“超分子”继续长大或以通常的方式聚集成宏观材料时，奇特的性质又会失去，真像是一些长不大的孩子。

纳米科学与技术，有时简称为纳米技术，是研究结构尺寸在0.11～100nm范围内材料的性质和应用。全世界的科学家都知道纳米技术对未来科技发展的重要性，所以世界各国都不惜重金发展纳米技术，力图抢占纳米科技领域的战略高地。我国于1991年召开的纳米科技发展战略研讨会，制定了发展战略对策。十多年来，我国纳米材料和纳米结构研究取得了引人注目的成就。目前，我国在纳米材料学领域处于领先地位，充分证明了我国在纳米技术领域占有举足轻重的地位。

# 纳米科技的发现与发展史



纳米技术的灵感，来自已故物理学家理查德·费曼1959年所作的一次题为《在底部还有很大空间》的演讲。这位当时在加州理工大学任教的教授向同事们提出了一个新的想法。从石器时代开始，人类从磨尖箭头到光刻芯片的所有技术，都与一次性地削去或者融合数以亿计的原子以便把物质做成有用的形态有关。费曼质问道，为什么我们不可以从另外一个角度出发，从单个的分子甚至原子开始进行组装，以达到我们的要求？他说：" 至少依我看来，物理学的规律不排除一个原子一个原子地制造物品的可能性。" 1990年，IBM公司阿尔马登研究中心的科学家成功地对单个的原子进行了重排，纳米技术取得一项关键突破。目前，制造计算机硬盘读写头使用的就是这项技术。著名物理学家、诺贝尔奖获得者理查德·费曼预言，人类可以用小的机器制作更小的机器，最后将变成根据人类意愿，逐个地排列原子，制造产品，这是关于纳米技术最早的梦想。

## 探索纳米科技的先驱

最早提出纳米科技概念的是诺贝尔奖的获得者物理学家理查德·费因曼，他是美国加州理工学院的教授。他于1959年做了一个激动人心的演讲，他说，我们现在加工材料来制造装置都是从大到小，就是说，我们要加工一个桌子，那需要把木头不断地切割，磨锯，再刨光。如果说我们加工一个工具，都是从大往小里做，那么，加工出来的东西浪费了很多原料。目前我们知道世界上任何东西都是由原子分子组成的，包括我们人类自身，包括空气、大气、海洋、桌子、麦克风，包括你的茶水，什么都是原子分成组成的。既然都是原子分子组成的，我们能不能够通过把原子一个一个地放在一起，把原子分子就像用砖盖房子一样，把它盖成任何你想要的东西，就从小到大，我来做你想要的东西。如果这样的话，就没有污染了，

理查德·费因曼

广角镜

### 你知道什么是海水运动吗？

海水水体以及海洋中的各种组成物质，构成了对人类生存和发展有着重要意义的海洋环境。海水运动是海洋环境的核心内容，主要由四部分构成：海水运动形式；洋流的成因；表层洋流的分布；洋流对地理环境的影响。

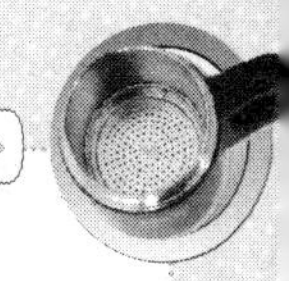



因为你需要什么，我就拿什么做，而且效率很高。

真正提出纳米技术这个英文词的人是 1974 年日本的谷口纪南教授，他最早用纳米技术这个词——Nanotechnology。最早使用 Nanotechnology 这个词，完全是为了描述精细机械加工。他说，微米，微米技术，微米加工，精度不够，得用纳米技术来加工。20 世纪 70 年代后期，美国麻省理工学院的德雷克斯勒，提倡纳米科技的研究，就是指通过原子分子组装来制备装置的研究。1990 年第一届纳米科学国际会议与第五届国际扫描隧道显微学会议同时在美国巴尔的摩召开，并创办了《纳米技术》（Naotechnology）这一专业学术刊物，标志着纳米技术的诞生。但也有人不认同 20 世纪 90 年代是纳米科技诞生的时间的这一观点。美国科学家认为，纳米科技诞生于 1981 年或者 1982 年，扫描隧道显微镜诞生之日，就是纳米科技的诞生之日。随着第一届纳米科技国际会议 1990 年于美国召开，接下来 1993 年在莫斯科，1994 年在丹佛，1996 年在北京，1998 年在伯明翰，2009 年又在中国北京召开了纳米国际会议。纳米科技研究多学科的交叉性，展现了这一技术巨大的生命力，并迅速地形成了一个具有广泛科技内容和潜在应用前景的研究领域。

## 从扫描探针显微镜到纳米科技

### ◎ 扫描探针显微镜与纳米科技

人类仅仅用眼睛和双手认识和改造世界的能力是有限的，例如：人眼能够直接分辨的最小间隔大约为 0.07mm；人的双手虽然灵巧，但不能对微小物体进行精确的控制和操纵。但是人类的思想及其创造性是无限的。当历史发展到 20 世纪 80 年代，一种以物理学为基础、集多种现代技术为一体的新型表面分析仪器——扫描隧道显微镜（STM）诞生了。STM 不仅具有很高的空间分辨率（横向可达 0.1nm，纵向优于 0.01nm），能直接观察到物质表面的原子结构，而且还能对原子和分子进行操纵，从而将人类的主观意愿施加于自然。可以说 STM 是人类眼睛和双手的延伸，是人类智慧的结晶。

基于 STM 的基本原理，随后又发展起了一系列扫描探针显微镜（SPM），如扫描力显微镜（SFM）、弹道电子发射显微镜（BEEM）、扫描近场光学显微镜（SNOM）等。这些新型显微技术都是利用探针与样品不同的相互作用，来探测表面或界面在纳米尺度上表现出的物理性质和化学性质。

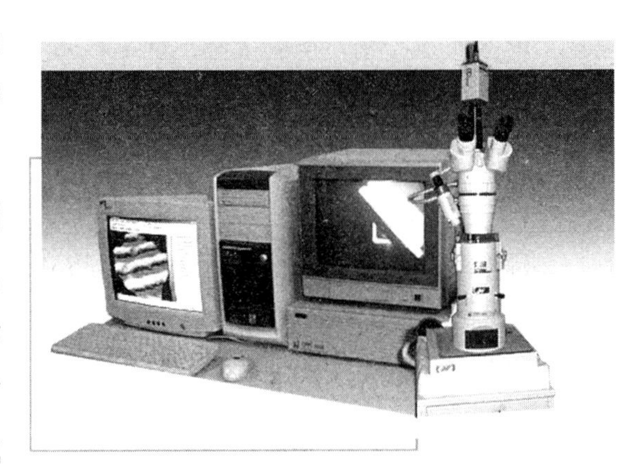

扫描探针显微镜

纳米科学和技术是在纳米尺度上（0.1～100nm）研究物质（包括原子、分子）的特性和相互作用，并且利用这些在纳米尺度上表现出来的特性，制造具有特定功能的产品，最终实现生产方式的飞跃。纳米科学大体包括纳米电子学、纳米机械学、纳米材料学、纳米生物学、纳米光学、纳米化学等方面。

虽然纳米科技的历史可以追溯到 40 年前著名物理学家、诺贝尔奖获得者理查德·费因曼在美国物理年会上的一次富有远见的报告，但是“纳米科技”一词还是近几年才出现的，这也正是 SPM 技术及其应用迅速发展的时期。第五届国际 STM 会议与第一届国际纳米科技会议于 1990 年在美国同时召开，说明了 SPM 与纳米科技之间存在着必然联系：SPM 的相继问世为纳米科技的诞生与发展起了根本性的推动作用，而纳米科技的发展也将为 SPM 的应用提供广阔的天地。

人们饶有兴趣地谈论和思考着 21 世纪的科学与技术，有人说是分子电子

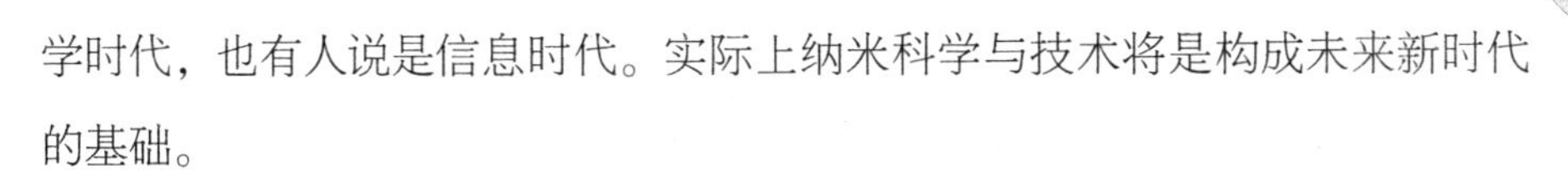

学时代，也有人说是信息时代。实际上纳米科学与技术将是构成未来新时代的基础。

纳米科技的产业应用直接根植于基础研究，这与传统的技术发展规律不同，从基础到应用的转化是直接的，其转化周期将会更短。事实上，纳米科技的发展速度比原先人们估计的要快，有的已经实用化。纳米科技在计算机、信息处理、通讯、制造、生物、医疗和空间领域，尤其在国防工业上有巨大的发展前景。

正如前面关于纳米科技的概念所述，纳米科技是在纳米尺度对物质特性进行研究的基础上，最终利用这种特性来制造具有特定功能的产品，实现生产方式的飞跃。因而就基础研究而言，纳米科学有着诱人的前景。因为在纳米尺度上物质将表现出新颖的现象、奇特的效应和性质。而作为一门技术，纳米技术将为人类提供新颖并具有特定功能的产品。

因此，纳米科学技术充满着机遇与挑战。而 STM 及其相关仪器（SPM）在这些机遇与挑战中必将获得更加广泛的应用。

纳米科技是未来高科技的基础，而科学仪器是科学研究中必不可少的实验手段。STM 及其相关仪器（SPM）必将在这场向纳米科技进军中发挥无法估量的作用。当纳米科技时代真正到来之际，“扫描探针显微镜在纳米科技中的应用”一文才可能最后写上句号。



## 纳米科技的发展历程是怎样的

### ◎ 纳米科技发展史

1959 年，著名物理学家、诺贝尔奖获得者理查德·费因曼预言，人类可以用小的机器制作更小的机器，最后将变成根据人类意愿，逐个地排列原子，制造产品。这是关于纳米技术最早的梦想。

20 世纪 70 年代，科学家开始从不同角度提出有关纳米科技的构想，1974 年，科学家谷口纪南最早使用纳米技术一词描述精密机械加工。

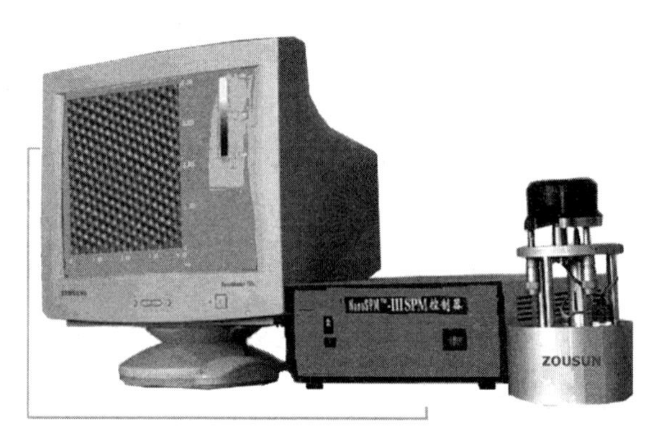

扫描隧道显微镜

1982 年，科学家发明研究纳米的重要工具——扫描隧道显微镜，为人类揭示了一个可见的原子、分子世界，它对纳米科技发展产生了积极的促进作用。

1990 年 7 月，第一届国际纳米科学技术会议在美国巴尔的摩举行，标志着纳米科学技术的正式诞生。

**知识小链接**

### 预　言

预言是对未来将发生的事情的预报或者断言。一般来说预言指的不是通过科学规律对未来所做计算而得出的结论，而是指某人通过非凡的能力出于灵感获得的预报。

1991 年，碳纳米管被人类发现，它的质量是相同体积钢的 1/6，强度却是钢的 10 倍。碳纳米管立即成为纳米技术研究的热点。诺贝尔化学奖得主斯莫利教授认为，纳米碳管将是未来最佳纤维的首选材料，也将被广泛用于超微导线、超微开关以及纳米级电子线路等。

1993 年，继 1989 年美国斯坦福大学搬走原子团“写”下斯坦福大学英文名称、1990 年美国国际商用机器公司在镍表面用 36 个氙原子排出“IBM”之后，中国科学院北京真空物理实验室自如地操纵原子成功写出“中国”二字，

标志着我国开始在国际纳米科技领域占有一席之地。

基础小知识

## 氙

氙，化学符号 Xe，非金属元素，无色、无臭、无味，是惰性气体的一种。存在于空气中，其量按体积计约占二千万分之一，也存在于温泉的气体中，从液态空气中与氪一起被分离得到。氙具有极高的发光强度，在照明技术上用来充填光电管、闪光灯和氙气高压灯。氙气高压灯具有高度的紫外光辐射，可用于医疗技术方面。用于闪光灯、深度麻醉剂、激光器、焊接、难熔金属切割、标准气、特种混合气等。



1997 年，美国科学家首次成功地用单电子移动单电子，利用这种技术可望在 20 年后研制成功速度和存储容量比现在提高成千上万倍的量子计算机。

1999 年，巴西和美国科学家在进行纳米碳管实验时发明了世界上最小的“秤”，它能够称量十亿分之一克的物体，即相当于一个病毒的重量；此后不久，德国科学家研制出能称量单个原子重量的秤，打破了美国和巴西科学家联合创造的纪录。

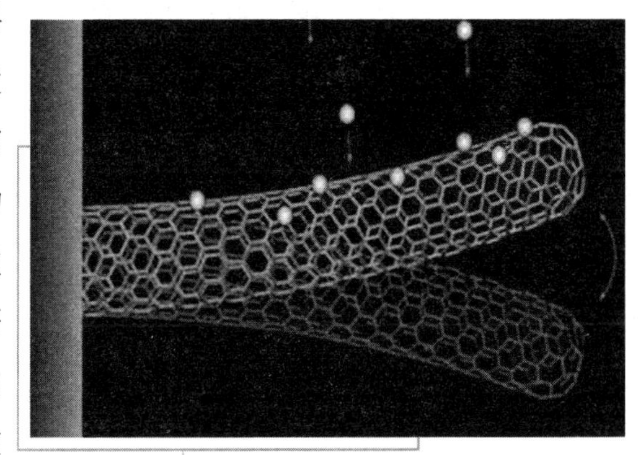

显微镜下的碳纳米管

到了 1999 年，纳米技术已逐步走向市场，全年纳米产品的营业额达到 500 亿美元。

近年来，一些国家纷纷制定相关战略或者计划，投入巨资抢占纳米技术战略高地。日本设立纳米材料研究中心，把纳米技术列入新五年科技基本计划的研发重点；德国专门建立纳米技术研究网；美国将纳米计划视为下一次工业革命的核心，美国政府部门将纳米科技基础研究方面的投资从1997年的1.16亿美元增加到2001年的4.97亿美元。

## ◎ 纳米技术发展可能经历五个阶段

据日本阿普莱德研究所提供的材料介绍，以研究分子机械而著称的美国风险企业宰贝克斯公司的一项预测认为，纳米技术的发展可能会经历以下五个阶段。

第一阶段的发展重点是要准确地控制原子数量在100个以下的纳米结构物质。这需要使用计算机设计、制造技术和现有工厂的设备和超精密电子装置。这个阶段的市场规模约为5亿美元。

第二个阶段是生产纳米结构物质。在这个阶段，纳米结构物质和纳米复合材料的制造将达到实用化水平。其中包括从有机碳酸钙中制取的有机纳米材料，其强度将达到无机单晶材料的3000倍。该阶段的市场规模在50亿~200亿美元之间。

在第三个阶段，大量制造复杂的纳米结构物质将成为可能。这要求有高级的计算机设计与制造系统、目标设计技术、计算机模拟技术和组装技术等。该阶段的市场规模可达100亿~1000亿美元。

纳米计算机将在第四个阶段中得以实现。这个阶段的市场规模将达到2000亿~1万亿美元。

在第五阶段里，科学家们将研制出能够制造动力源与程序自律化的元件和装置，市场规模将高达6万亿美元。

宰贝克斯公司认为，虽然纳

**拓展思考**

**碳酸钙的用途**

检定和测定有机化合反应中的卤素。水分析。检定磷。与氯化铵一起分解硅酸盐。制备氯化钙溶液以标化皂液。制造光学钕玻璃原料、涂料原料。食品工业中可作为添加剂使用。

米技术每个阶段到来的时间有很大的不确定性，难以准确预测，但在2010年之前，纳米技术有可能发展到第三个阶段，超越“量子效应障碍”达到实用化水平。

## ◎ 国内纳米世界的探索者

当别人还不知道纳米为何物时，他已经在这个领域开始了漫漫征程；当全社会都在讨论纳米并将自己与纳米相连时，他却选择了沉默。在青岛科技大学纳米试验室里，刚从实验室回来的崔作林一边洗着满是碳黑的手，一边对记者说：“技术是为产品服务的，国外一些纳米研究发达的国家，纳米的应用已经有多年的历史，但他们强调的是产品的质量，而不是纳米这种技术。这几年国内纳米研究与生产可谓是雨后春笋，很多产品都在打纳米牌，但一些地方还没有搞清楚什么是纳米就盲目地上生产线，完全不符合科学规律。”

说起国内纳米研究的现状，崔作林说，这几年国内的高校科研院所纷纷开始了纳米研究，但这些研究大多集中在理论方面，出现了不少高质量的论文，从理论水平来说，中国的纳米研究可以排进国际前三名。接着他话锋一转，“但从纳米的应用研究上说，实际上我们离国际先进水平还有至少5～10年的差距。虽然社会上号称应用纳米技术的产品不少，可国内近几年在纳米应用研究上并没有什么大的成果出现，这也是我们科研工作者急需解决的一个问题。”

### 知识小链接

**崔作林**

1966年毕业于吉林大学物理系，1981年硕士研究生毕业获硕士学位，1988调入青岛科技大学。研究方向：纳米材料的制备及应用，物理法、化学法制备纳米粒子，研究其结构及性能、应用。2003获国防科工委技术发明二等奖（首位）获青岛市奖励二次。获国家发明专利5项、发表论文20余篇，专著1本。

在拿到国家技术发明二等奖之后，崔作林和他的研究所一直在以纳米催化剂为基础的纳米应用研究上下功夫。现在他正在从事的课题主要有两大方向：一是纳米材料吸收剂，另一种就是可做电子屏蔽的纳米涂料。说起这两项课题，崔作林表示他们的原理都是一样，就是利用纳米材料做催化剂，用有机气体做原料，聚合某种导电碳纤维。其应用范围包括军事、家电、办公场所等。

所谓纳米科技，就是以0.1～100nm这样的尺度为研究对象的前沿学科。那么，纳米能给我们的生活带来什么变化？面对这个问题，崔作林滔滔不绝地说了起来："比如说我们合作生产的纳米毛巾，就是在化纤制品和纺织品中添加纳米微粒，可以除味杀菌；与海尔合作生产的冰箱、洗衣机等，可以抗菌、保鲜；化妆品加入了纳米微粒可以具备防紫外线的功能；利用纳米技术，人们已研制出可静电屏蔽的纳米涂料……"崔作林接着列了一些数字，据统计，全球纳米技术的年产值已经超过500亿美元，国内也至少建立了十多条纳米材料的生产线，仅科大纳米试验室就与多家单位合作成立了生产纳米产品的基地。

# 纳米科技与纳米材料



纳米技术是用单个原子、分子制造物质的科学技术。纳米科学技术是以许多现代先进科学技术为基础的科学技术，它是现代科学和现代技术结合的产物。

纳米技术的广义范围可包括纳米材料技术及纳米加工技术、纳米测量技术、纳米应用技术等方面。其中纳米材料技术着重于纳米功能性材料的生产（超微粉、镀膜、纳米改性材料等），性能检测技术（化学组成、微结构、表面形态、物、化、电、磁、热及光学等性能）。纳米加工技术包含精密加工技术（能量束加工等）及扫描探针技术。纳米材料具有一定的独特性，当物质尺度小到一定程度时，则必须改用量子力学取代传统力学的观点来描述它的行为，当粉末粒子尺寸由10微米降至10纳米时，其粒径虽改变为1000倍，但换算成体积时则将有10的9次方倍之巨，所以二者行为上将产生明显的差异。

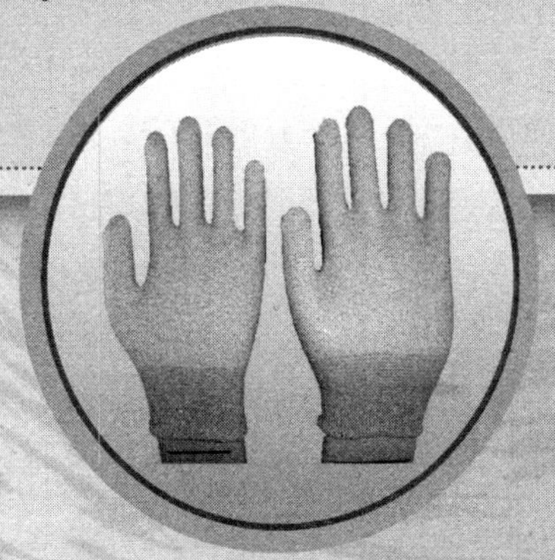

## 浅谈纳米科技的含义

纳米科学与技术，有时简称为纳米技术，是研究结构尺寸在1～100nm范围内材料的性质和应用。纳米技术包含下列四个主要方面。

1. 纳米材料。当物质到纳米尺度以后，大约是在1～100nm这个范围空间，物质的性质就会发生突变，出现特殊性质。这种既不同于原来组成的原子、分子，也不同于宏观的物质的具有特殊性质的材料，即为纳米材料。如果仅仅是尺度达到纳米，而没有特殊性质的材料，也不能叫纳米材料。过去，人们只注意原子、分子或者宇宙空间，常常忽略这个中间领域，而这个领域实际上大量存在于自然界，只是以前人们没有认识到这个尺度范围的性质。第一个真正认识到它的性质并引用纳米概念的是日本科学家，他们在20世纪70年代用蒸发法制备超微离子，并通过研究它的性质发现：一个导电、导热的铜、银导体做成纳米尺度以后，它就失去原来的性质，表现出既不导电、也不导热。磁性材料也是如此，像铁钴合金，把它做成大约20～30nm大小，磁畴就变成单磁畴，它的磁性要比原来高1000倍。到了20世纪80年代中期，人们正式把这

### 铜元素的医学用途

最近几十年，人们还发现铜有非常好的医学用途。20世纪70年代，我国医学发明家刘同庆、刘同乐研究发现，铜元素具有极强的抗癌功能，并成功研制出相应的抗癌药物“克癌7851”，在临床上获得成功。后来，墨西哥科学家也发现铜有抗癌功能。最近，英国研究人员又发现，铜元素有很强的杀菌作用。相信不久的将来，铜元素将为提高人类健康水平做出巨大贡献。

类材料命名为纳米材料。

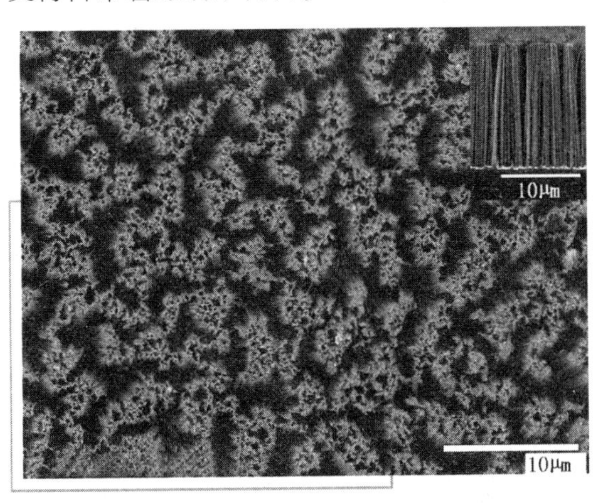


纳米材料示意图

2. 纳米动力学。其主要是微机械和微电机，或总称为微型电动机械系统，用于有传动机械的微型传感器和执行器、光纤通讯系统、特种电子设备、医疗和诊断仪器等，利用的是一种类似于集成电器设计和制造的新工艺。特点是部件很小，刻蚀的深度往往要求数十至数百微米，而宽度误差很小。这种工艺还可用于制作三相电动机，用于超快速离心机或陀螺仪等。在研究方面还要相应地检测准原子尺度的微变形和微摩擦等。虽然它们目前尚未真正进入纳米尺度，但有很大的潜在科学价值和经济价值。

3. 纳米生物学和纳米药物学。如在云母表面用纳米微粒度的胶体金固定DNA的粒子，在二氧化硅表面的叉指形电极做生物分子间互作用的试验，磷脂和脂肪酸双层平面生物膜，DNA的精细结构等。有了纳米技术，还可用自组装方法在细胞内放入零件或组件使构成新的材料。新的药物，即使是微米粒子的细粉，也大约有半数不溶于水。但如粒子为纳米尺度(即超微粒子)，则可溶于水。

**拓展思考**

### 二氧化硅的用途

硅标准液。水玻璃，硅的化合物的制备材料。在晶体管和集成电路中做杂质扩散的掩蔽膜和保护层，制成二氧化硅膜做集成电路器件。玻璃工业。

4. 纳米电子学。包括基于量子效应的纳米电子器件、纳米结构的光/电性质、纳米电子材料的表征，以及原子操纵和原子组装等。当前电子技术的趋势要求器件和系统更快、更冷、更小。更快，是指响应速度要快。更冷是指单个器件的功耗要小。但是更小并非没有限度。纳米技术是建设者的最后疆界，它的影响将是巨大的。

1998 年 4 月，美国总统科学技术顾问尼尔·莱恩博士评论道，如果有人问我哪个科学和工程领域将会对未来产生突破性的影响，我会说是纳米技术。我们计划建立一个名为纳米科技大挑战的机构，资助进行跨学科研究和教育的队伍，包括为长远目标而建立的中心和网络。一些潜在的可能实现的突破包括：把整个美国国会图书馆的资料压缩到一块像方糖一样大小的设备中，这可以通过提高单位表面储存能力 1000 倍，使大存储电子设备储存能力扩大到几兆兆字节的水平来实现。由自小到大的方法制造材料和产品，即从一个原子、一个分子开始制造它们。这种方法将节约原材料并降低污染；生产出比钢强度大 10 倍，而重量只有其几分之一的材料来制造各种更轻便、更省燃料的陆上、水上和航空交通工具；通过极小的晶体管和记忆芯片几百万倍地提高电脑速度和效率，因为今天的奔腾处理器已经显得十分慢了；运用基因和药物传送纳米级的 MRI 对照剂来发现癌细胞或定位人体组织器官；去除在水和空气中最细微的污染物，得到更清洁的环境和可以饮用的水；提高太阳能电池能量效率两倍……

用一句话概括就是，纳米科学技术是研究在千万分之一米到亿分之一米内原子、分子和其他类型物质的运动和变化的学问；同时在这一尺度范围内对原子、分子进行操作和加工，因此又称为纳米技术。纳米科技的研究内容有：创造和制备优异性能的纳米材料，设计、制备各种纳米器件和装置，探测和分析纳米区域的性质和现象等。

## ◎ 纳米科技的研究目标和可能的应用

材料：新型材料将更轻、更强和可设计，寿命更长且维修费低，以新原理和新结构在纳米层次上构筑特定性质的材料或自然界不存在的材料，制造生物材料和仿生材料，材料被破坏过程中纳米级损伤的诊断和修复。

微电子和计算机技术：效率提高 100 万倍纳米结构的微处理器，10 倍带宽的高频网络系统，兆兆比特的存储器（提高 1000 倍），集成纳米传感器系统。

医学与健康：快速、高效的基因团测序、基因诊断和基因治疗技术，用药的新方法和药物“导弹”技术，耐用的人工人体组织和器官，复明和复聪器件，疾病早期诊断的纳米传感器系统。

航天和航空：低能耗、抗辐照、高性能计算机，微型航天器用纳米测试、控制和电子设备，抗热障、耐磨损的纳米结构涂层材料。

环境和能源：发展绿色能源和环境处理技术以减少污染和恢复被破坏的环境，孔径为 1nm 的纳孔材料作为催化剂的载体，用来祛除污物的有序纳孔材料（孔径为 10 ~ 100nm），纳米颗粒修饰的高分子材料。

生物技术和农业：在纳米尺度上，按照预定的大小、对称性和排列来制备具有生物活性的蛋白质、核糖、核酸等。在纳米材料和器件中植入生物材料产生具有生物功能和其他功能的综合性能，生物仿生化学药品和生物可降解材料，动植物的基因改善和治疗，测定 DNA 的基因芯片等。

基础小知识

**核糖**

自然界中最重要的一种戊糖，主要以 D 型形式存在，是核糖核酸（RNA）的主要组分，并出现在许多核苷和核苷酸以及其衍生物中。

## 创造神奇的纳米科技

纳米科技的最终目标是按照人的意志直接排布原子和分子，用纳米级的结构单元构造各种具有神奇功能的材料，甚至直接用纳米级元件生产出成品。

微电子技术经过几十年的发展取得了辉煌的成就，如在小小的硅片上刻印超密集的大规模集成电路，使得电脑的体积越来越小而功能越来越多。但是，如果插上纳米技术的翅膀，微电子技术将会有飞跃式的发展。纳米电子学的研究目标是要制造纳米级的晶体管、导线等微电子元件，然后用这些纳米级的元件组装成“分子计算机”，这种电脑的计算能力将是“奔腾”芯片的1000亿倍，而体积可能如糖块、甚至米粒一样。

纳米技术与机器人技术结合，将制造出1微米左右、小如尘埃的机器人，这种机器人可以在人的血管里畅游，可以真正从内部对人体进行检查和治疗，比如疏通脑血栓，清除血管里的沉积物，甚至还能吞噬病毒、消化癌细胞等。这种机器人在军事上也有重要用途，有的专家就提出了研制“尘埃间谍”甚至“尘埃刺客”的构

### 拓展阅读

**纳米涂料**

由于纳米微粒的小尺寸效应、表面效应、量子尺寸效应和宏观量子隧道效应等，使得它们在磁、光、电、敏感等方面呈现常规材料不具备的特性。因此纳米微粒在磁性材料、电子材料、光学材料、高致密度材料的烧结、催化、传感、陶瓷增韧等方面有广阔的应用前景。一般来说，纳米涂料必须满足两个条件：首先，涂料中至少有一相的粒径尺寸在1~100nm的粒径范围；其次，纳米相的存在使涂料的性能有明显的提高或具有新的功能。

想。小如尘埃的机器人飘浮在空气中，神不知鬼不觉地接近敌方目标，刺探情报，甚至刺杀敌方重要人物等等。

纳米科技在未来的应用可以说是无处不在。用不了多久，纳米布料、纳米陶瓷、纳米钢、纳米药物、纳米涂料等等就会出现在我们的生活中。许多材料经过纳米化处理后，将具有异乎寻常的优良性能。易碎的陶瓷可以变成具有韧性的材料，得到更加广泛的应用；纳米金属材料将比普通金属材料坚韧几十倍；用纳米材料制成的自行车，重量却只有几千克；将防水、防油的纳米涂料涂在大楼表面或窗玻璃上，大楼将不沾油污，玻璃也会永远透亮；甚至可以设想用防污的纳米纤维材料织成免洗涤衣物。纳米技术用于制药，可以制成神奇的导弹型药物，这种药物可以像导弹一样，循着导引的方向直达病灶部位，使疗效大大提高。

纳米丝染色印花

新世纪来临之际，一场没有硝烟的战争已经在纳米领域拉开了序幕。各国都在投入力量争抢纳米科技的高地。这场世界性的角逐已经引起我国政府的高度重视。经过多年努力，目前我国已初步建成纳米材料研究基地，有了一支颇具实力的研究队伍，并取得了一些引人瞩目的成果，比如纳米硅

纳米钢材成品

基陶瓷系列粉的研制成功，使我国成为世界上能生产纳米粉的少数国家之一；近年来，我国科学家在各国同行中脱颖而出，实现了纳米铜在室温下的超塑性——被拉长了50多倍而不断。

## 纳米材料是什么

纳米材料是指组成或晶体在任一维上小于100nm的材料，又叫超分子材料。纳米材料按宏观结构分为由纳米粒子组成的纳米块、纳米膜及纳米纤维等；按材料结构分为纳米晶体、纳米非晶体和纳米准晶体；按空间形态分为零维纳米颗粒、一维纳米线、二维纳米膜和三维纳米块。

纳米材料由于尺寸的变化而使原有的性能发生改变。研究发现，纳米材料由于尺寸小、有效表面积大，而使材料具有一些特殊的效应：小尺寸效应、表面效应、量子尺寸效应和宏观量子隧道效应；而这些效应的宏观体现就是纳米材料的成数量级变化的各种指标。例如：导电材料的电导率、力学材料的机械强度、磁学材料的磁化率和生物材料的降解速度等。

### ◎ 纳米材料的特点是什么

当粒子的尺寸减小到纳米数量级后，将导致声、光、电、磁、热性能呈现新的特性。比方说，被广泛研究的Ⅱ－Ⅵ族半导体硫化镉，其吸收带边界和发光光谱的峰的位置会随着晶粒尺寸减小而显著蓝移。按照这一原理，可以通过控制晶粒尺寸来得到不同能隙的硫化镉，这将大大丰富材料的研究内容并可望得到新的用途。我们知道物质的种类是有限的，微米和纳米的硫化镉都是由硫和镉元素组成的，但通过控制制备条件，可以得到带隙和发光性质不同的材料。也就是说，通过纳米技术得到了全新的材料。纳米颗粒往往具有很大的比表面积，每克这种固体的比表面积能达到几百

甚至上千平方米，这使得它们可作为高活性的吸附剂和催化剂，在氢气贮存、有机合成和环境保护等领域有着重要的应用前景。对纳米体材料，我们可以用“更轻、更高、更强”这六个字来概括。“更轻”是指借助于纳米材料和技术，我们可以制备体积更小、性能不变甚至更好的器件，减小器件的体积，使其更轻盈。第一台计算机需要三间房子来存放，正是借助于微米级的半导体制造技术，才实现了其小型化，并普及了计算机。无论从能量和资源利用来看，这种“小型化”的效益都是十分惊人的。“更高”是指纳米材料可望有着更高的光、电、磁、热性能。“更强”是指纳米材料有着更强的力学性能（如强度和韧性等），对纳米陶瓷来说，纳米化可望解决陶瓷的脆性问题，并可能表现出与金属等材料类似的塑性。

纳米材料与技术实验室

## 知识小链接

### 硫化镉

晶体有两种，α－式呈柠檬黄色粉末，β－式呈橘红色粉末。微溶于水，溶于酸，极易溶于氨水。可用于制焰火、玻璃釉、瓷釉、发光材料、颜料。高纯度硫化镉是良好的半导体，对可见光有强烈的光电效应，可用于制光电管、太阳能电池。将硫化氢通入镉盐的酸溶液中制取。

## ◎纳米材料的应用

首先要说一说关于纳米材料的应用原理。

（1）表面效应。即纳米晶粒表面原子数和总原子数之比随粒径变小而急剧增大后引起性质变化。纳米晶粒的减小，导致其表面热、表面能及表面结合能都迅速增大，致使它表现出很高的活性。如日本帝国化工公司生产的 $TiO_2$ 的平均粒径为15nm，比表面积高达80～100 $m^2/g$。

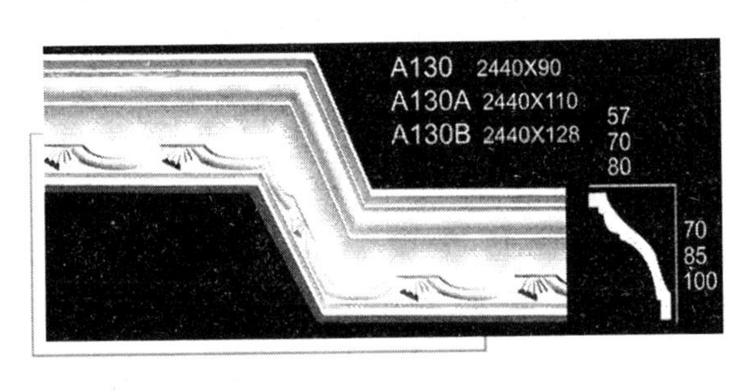


玻璃钢模具

（2）体积效应。当纳米晶粒的尺寸与传导电子的德布罗意波相当或更小时，周期性的边界条件将被破坏，使其磁性、内压、光吸收、热阻、化学活性、催化性和熔点等与普通粒子相比都有很大变化。如银的熔点约为900℃，而纳米银粉熔点为100℃，一般纳米材料的熔点为其原来块体材料的30%～50%。

（3）量子尺寸效应。即纳米材料颗粒尺寸到一定值时，费米能级附近的电子能级由准连续能级变为分立能级，吸收光谱阈值向短波方向移动。其结果使纳米材料具有高度光学非线性、特异性催化和光催化性质、强氧化性质和还原性。

**拓展思考**

**热　阻**

反映阻止热量传递的能力的综合参量。在传热学的工程应用中，为了满足生产工艺的要求，有时通过减小热阻以加强传热；而有时则通过增大热阻以抑制热量的传递。

纳米材料还具有宏观量子隧道效应和介电限域效应。纳

米材料能在低温下继续保持超顺磁性，对光线有强烈的吸收能力，能大量吸收紫外线，对红外线亦有强烈吸收特性，在高温下，仍具有高强、高韧、优良稳定性等，其应用前景十分广阔，故纳米材料被誉为跨世纪的高科技新材料。

下面就谈谈关于纳米材料的应用。

（1）塑料材料的改良性。塑料材料具有质量轻、强度高、耐腐蚀等优点，其缺点是抗老化性能差，影响了材料的推广使用，当纳米 $SiO_2$ 与 $TiO_2$ 适当混配，即可大量吸收紫外线，只须将其少量加入塑料材料中，就能大大延缓材料的老化。例如在聚丙烯塑料中加入 0.3% 的 UV－TiTAN－P580 纳米 $TiO_2$，经过 700 小时热光照射后，其抗涨强度损失仅 10%，而未加 UV－TiTAN－P580 的聚丙烯抗张强度损失竟达 50%。此外，利用纳米材料表面严重的配位不足，表现出极强活性的特点，能与某些大分子发生键合作用，提高分子间的键力，从而使添加了纳米材料的复合材料的强度、韧性大幅度提高。利用纳米材料高流动性和小尺寸效应，可使复合材料的延展性提高，摩擦系数减少，材料光洁度大大改善；而利用纳米材料的高介电性，还可以制成高绝缘性能的玻璃钢等。

超细抗菌粉体

（2）功能纤维的制备。开发新的功能纤维以满足国防工业和人民生活新的需求，一直是合成纤维研究的一个热点。纳米材料的出现，为制备功能纤维开辟了新的有效途径。如前所述，若将少量的 UV－TiTAN－P580 纳米 $TiO_2$ 加入合成纤维中，由于它能大量吸收紫外线，就能制得抗老化的合成纤维，用它做成的服装和用品具有排除对人体有害的紫外线的功效，对防治皮肤病及由紫外线吸收造成的皮肤疾患等也有辅助疗效。又如国家超细粉末工程中心研制的 FUMAT－T108 超细抗菌粉体，它可赋予树脂制品以抗菌能力，对各种细菌、真菌和霉菌起到抑制和杀灭的作用。

（3）其他高分子材料。作为新型橡胶材料的补强填料，为了改善硅橡胶性能，擬用纳米 $SiO_2$ 部分取代普通 $TiO_2$ 在硅橡胶的应用，以提高其强度、弹性和耐磨性。

（4）在化学工业、电子工业等方面的应用。用作高效催化剂是纳米颗粒材料的重要应用领域之一，纳米颗粒具有比表面积很高、表面的键态和电子态与颗粒内部不同、表面原子配位不全等特点，表面的活性位置增加，使得纳米颗粒具备了作为催化剂的先决条件。有人预计纳米颗粒催化剂将成为本世纪催化剂的主角。光催化剂是一种具有应用潜力的特殊催化剂，纳米 $TiO_2$ 所具有的量子尺寸效应使其导电和介电能级变成分立的能级，能隙变宽，导电电位负移，而介电电位正移，这使其获得了更强的氧化还原能力。纳米材料还可以用来做导电浆料。导电浆料是电子工业的原材料，由于纳米材料可使块体材料的熔点大大降低，因此用超银粉制成的导电浆料可以在低温下烧结，此时基片可以不用耐高温陶瓷，甚至可采用塑料等低温材料。除此之外，纳米材料还可以用作敏感原料。利用纳米材料巨大的比表面积，可以制成温敏、光敏、气敏、湿敏等多种传感器。仅需微量纳米颗粒，其功能就能得到充

**真　菌**

真菌是一种真核生物。最常见的真菌是各类蕈类，另外真菌也包括霉菌和酵母。现在已经发现了 7 万多种真菌，估计只是所有存在的一小半。大多真菌原先被分入动物或植物，现在成为自己的界，分为四门。

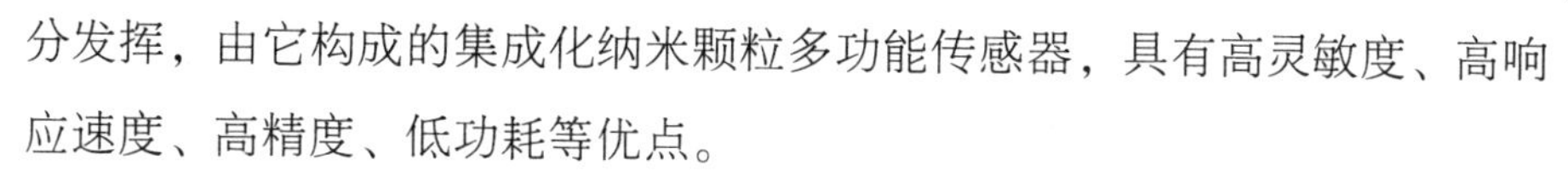


分发挥，由它构成的集成化纳米颗粒多功能传感器，具有高灵敏度、高响应速度、高精度、低功耗等优点。

除上述列举的应用外，纳米材料在医疗、生物、冶金、机械等领域均有其独特的应用。磁性纳米材料可以做药剂载体，在外磁场的引导下集中于病患部位，以提高药效。

欧洲联盟委员会曾在 1995 年发表一份研究报告预测，其后 10 年内纳米技术的开发将成为仅次于芯片制造的世界第二大制造业。市场的突破口很可能在信息、微电子、医药、环境等领域。我国有发展纳米材料的丰富原料和广阔市场，纳米材料的应用将前途无量。



## ◎ 纳米材料的前景是怎样的

纳米材料的应用前景是十分广阔的，如：电子器件，医学和健康，航天、航空和空间探索，环境、资源和能量，生物技术等。我们知道，基因 DNA 具有双螺旋结构，这种双螺旋结构的直径约为几十纳米。用合成的晶粒尺寸仅为几纳米的发光半导体晶粒，有选择性地吸附或作用在不同的碱基对上，可以“照亮”DNA 的结构，有点像黑暗中挂满了灯笼的宝塔，借助发光的“灯笼”，我们不仅可以识别灯塔的外形，还可识别灯塔的结构。简而言之，这些纳米晶粒在 DNA 分子上贴上了标签。目前，我们应当避免纳米的庸俗化。尽管有科学工作者一直在研究纳米材料的应用问题，但很多技术仍难以直接造福于人类。自 2001 年以来，国内也出现了一些纳米企业和纳米产品，如“纳米冰箱”，“纳米洗衣

图一　二氧化钛纳米管示意图

机”。这些产品中用到了一些“纳米粉体”，但冰箱和洗衣机的核心作用与传统产品相同，“纳米粉体”赋予了它们一些新的功能，但并不是这类产品的核心技术。因此，这类产品并不能称为真正的“纳米产品”，只是商家的销售手段和新卖点。现阶段纳米材料的应用主要集中在纳米粉体方面，属于纳米材料的起步阶段。应该指出纳米粉体不过是纳米材料应用的初级阶段，但这并不是纳米材料的核心，更不能将“纳米粉体的应用”等同与纳米材料的应用。

下面我们选用几幅插图来说明纳米材料。

图一：二氧化钛纳米管。多种层状材料可形成管状材料，最为人们所熟悉的是碳纳米管。图为二氧化钛纳米管的透射电镜照片，这种管是开口的中空管，比表面积能达到 $400m^2/g$，可能在吸附剂、光催化剂等方面有应用前景。

图二：晶内型纳米复相陶瓷。颜色较浅的大晶粒内部有一些深色的颗粒，在陶瓷受到外力破坏时，这些晶粒内的深色颗粒像一颗颗钉子，抑制裂纹扩散，起到对陶瓷材料的增强和增韧作用。

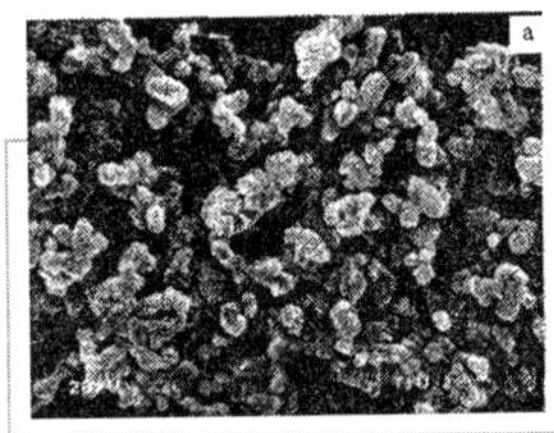

图二 晶内型纳米复相陶瓷

图三 二氧化钛纳米颗粒的透射电镜照片

图三：二氧化钛纳米颗粒的透射电镜照片。通过镜片可以看出二氧化钛仅为7nm左右。人们不禁要问：如此小的纳米颗粒肉眼能否看到？商家提供的“纳米粉体”能看得到吗？如此小的晶粒用肉眼是看不到的，但可以借助于电子显微镜来看。由于这些晶粒聚集在一起，我们只可以看到聚集后的粉体，除了能感觉到“纳米粉体”比原来更膨松外，不借助科学的表征方法，我们难以区别它们。

知识小链接

### 二氧化钛

二氧化钛，化学式为 $TiO_2$，俗称钛白粉，多用于光触媒、化妆品，能靠紫外线消毒及杀菌，现正广泛开发，将来有机会成为新工业。二氧化钛可由金红石用酸分解提取，或由四氯化钛分解得到。二氧化钛性质稳定，大量用作油漆中的白色颜料，它具有良好的遮盖能力，和铅白相似，但不像铅白会变黑；它又具有锌白一样的持久性。



## 纳米材料该怎么分类

我们已经知道，纳米材料就是具有纳米尺度的粉末、纤维、膜或块体。科学实验证实，当常态物质被加工到极其微细的纳米尺度时，会出现特异的表面效应、体积效应和量子效应，其光学、热学、电学、磁学、力学乃至化学性质也就相应地发生显著的变化。因此纳米材料具备其他一般材料所没有的优越性能，可广泛应用于电子、医药、化工、军事、航空航天等众多领域，在整个新材料的研究应用方面占据着核心的位置。

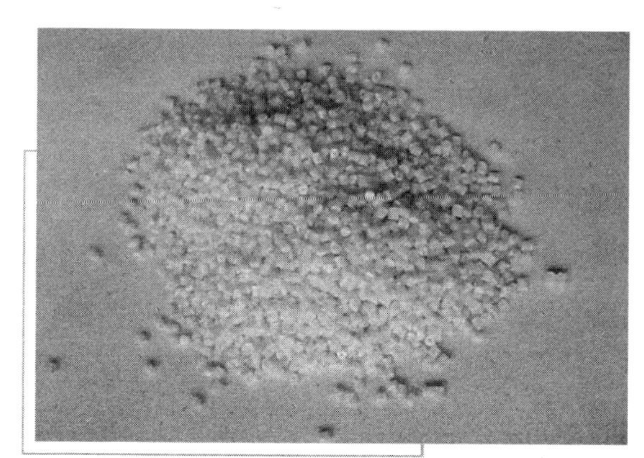

纳米粉末示意图

纳米材料大致可分为纳米粉末、纳米纤维、纳米膜、纳米块体等四类。其中纳米粉末开发时间最长、技术最为成熟，是生产其他三类产品的基础。

纳米粉末：又称为超微粉或超细粉，一般指粒度在100nm以下的粉末或颗粒，是一种介于原子、分子与宏观物体之间处于中间物态的固体颗粒材料。可用于高密度磁记录材料、吸波隐身材料、磁流体材料、防辐射材料、单晶硅和精密光学器件抛光材料、微芯片导热基片与布线材料、微电子封装材料、光电子材料、先进的电池电极材料、太阳能电池材料、高效催化剂、高效助燃剂、敏感元件、高韧性陶瓷材料（摔不裂的陶瓷，用于陶瓷发动机等）、人体修复材料、抗癌制剂等。

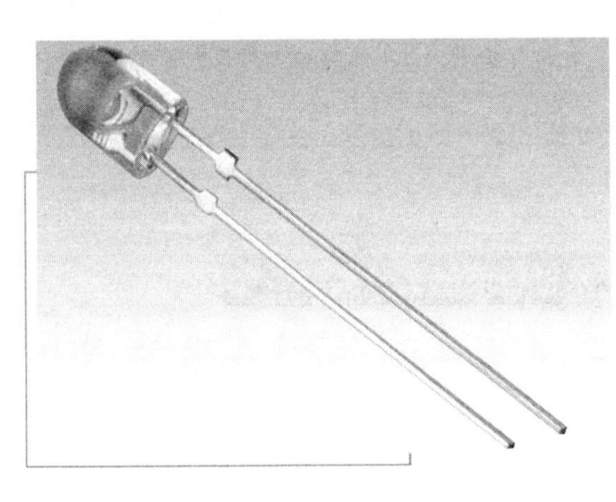

发光二极管材料

纳米纤维：指直径为纳米尺度而长度较大的线状材料。可用于微导线、微光纤（未来量子计算机与光子计算机的重要元件）材料、新型激光或发光二极管材料等。

基础小知识

**单晶硅**

硅的单晶体。具有基本完整的点阵结构的晶体。不同的方向具有不同的性质，是一种良好的半导材料。纯度要求达到99.9999%，甚至达到99.9999999%以上。用于制造半导体器件、太阳能电池等。用高纯度的多晶硅在单晶炉内拉制而成。

纳米膜：纳米膜分为颗粒膜与致密膜。颗粒膜是和纳米颗粒粘在一起，中间有极为细小的间隙的薄膜。致密膜指膜层致密但晶粒尺寸为纳米级的薄

膜。可用于气体催化（如汽车尾气处理）材料、过滤器材料、高密度磁记录材料、光敏材料、平面显示器材料、超导材料等。

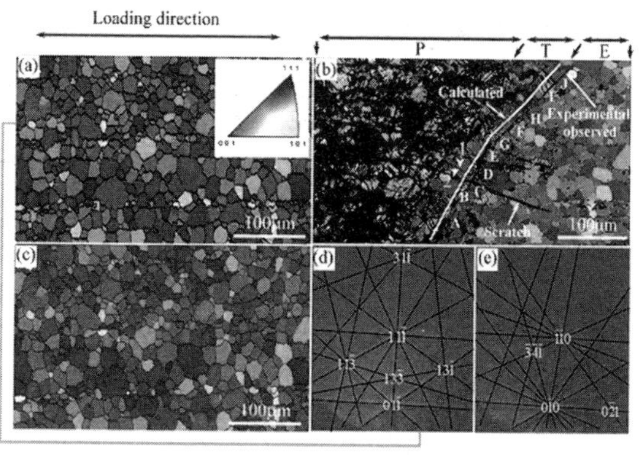


放大的纳米晶粒材料

纳米块体：是将纳米粉末高压成型或控制金属液体结晶而得到的纳米晶粒材料。主要用途为超高强度材料、智能金属材料等。

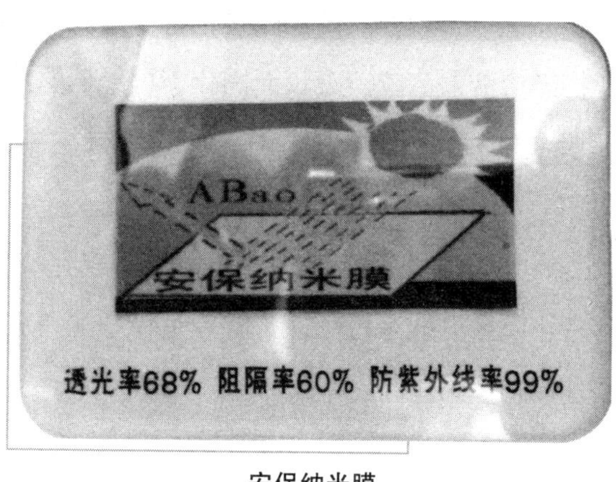


安保纳米膜

专家指出，对纳米材料的认识才刚刚开始，目前还知之甚少。但是，从个别实验中所看到的种种奇异性能，都表明这是一个非常诱人的领域。对纳米材料的开发，将会为人类提供前所未有的有用材料。纳米粒子的制备方法很多，可分为物理方法和化学方法。

## ◎ 物理方法

（1）真空冷凝法，用真空蒸发、加热、高频感应等方法使原料气化或形成等粒子体，然后骤冷。其特点是纯度高、结晶组织好、粒度可控，但技术设备要求高。

（2）物理粉碎法，通过机械粉碎、电火花爆炸等方法得到纳米粒子。其特点是操作简单、成本低，但产品纯度低，颗粒分布不均匀。

（3）机械球磨法，采用球磨方法，控制适当的条件得到纯元素、合金或复合材料的纳米粒子。其特点是操作简单、成本低，但产品纯度低，颗粒分布不均匀。

### ◎ 化学方法

（1）气相沉积法，利用金属化合物蒸气的化学反应合成纳米材料。其特点是产品纯度高，粒度分布窄。

（2）沉淀法，把沉淀剂加入到盐溶液中反应后，将沉淀热处理得到纳米材料。其特点是简单易行，但纯度低，颗粒半径大，适合制备氧化物。

（3）水热合成法，高温高压下在水溶液或蒸汽等流体中合成，再经分离和热处理得纳米粒子。其特点是纯度高、分散性好、粒度易控制。

（4）溶胶凝胶法，金属化合物经溶液、溶胶、凝胶而固化，再经低温热处理而生成纳米粒子。其特点是反应物种多，产物颗粒均一，过程易控制，适于氧化物和Ⅱ～Ⅵ族化合物的制备。

（5）微乳液法，两种互不相溶的溶剂在表面活性剂的作用下形成乳液，在微泡中经成核、聚结、团聚、热处理后得纳米粒子。其特点是粒子的单分散和界面性好，Ⅱ～Ⅵ族半导体纳米粒子多用此法制备。

## 纳米材料的用途都有哪些

1980年的一天，在澳大利亚的茫茫沙漠中有一辆汽车在高速奔驰，驾车人是一位德国物理学家H. 格兰特教授。他正驾驶租用的汽车独自横穿澳大利亚大沙漠。空旷、寂寞、孤独，使他的思维特别活跃。他是一位长期从事晶体物理研究的科学家。此时此刻，一个长期思考的问题在他的脑海中跳动：如何研制具有异乎寻常特性的新型材料？

在长期的晶体材料研究中，人们视具有完整空间点阵结构的实体为晶体，它是晶体材料的主体；而把空间点阵中的空位、替位原子、间隙原子、相界、位错和晶界看作晶体材料中的缺陷。此时，他想到，如果从逆方向思考问题，把“缺陷”作为主体，研制出一种晶界占有相当大体积比的材料，那么世界将会是怎样？

格兰特教授在沙漠中的构想很快变成了现实，经过四年的不懈努力，他领导的研究组终于在1984年成功研制了黑色金属粉末。实验表明，任何金属颗粒，当其尺寸在纳米量级时都呈黑色。纳米固体材料就这样诞生了。

纳米材料一诞生，即以其异乎寻常的特性引起了材料界的广泛关注。这是因为纳米材料具有与传统材料明显不同的一些特征。例如，纳米铁材料的断裂应力比一般铁材料高12倍；气体通过纳米材料的扩散速度比通过一般材料的扩散速度快几千倍等；纳米铜比普通的铜坚固5倍，而且硬度随颗粒尺寸的减小而增大；纳米陶瓷材料具有塑性（或称为超塑性）等。



## ◎ 防护材料

由于某些纳米材料透明性好并具有优异的紫外线屏蔽作用。在产品和材料中添加少量（一般不超过含量的2%）的纳米材料，就会大大减弱紫外线对这些产品和材料的损伤作用，使之更加具有耐久性和透明性。因而被广泛用于护肤品、包装材料、外用面漆、木器保护、天然和人造纤维以及农用塑料薄膜等方面。

### 纳米铁可以在空气中自燃

纳米铁就是把铁原子按照纳米级别（E－9m）逐一叠加形成的铁。物理性质没有区别，区别在化学性质上。比方说，普通的铁不会轻易燃烧，但是纳米铁就很容易燃烧起来；普通铁的抗腐蚀性弱，而纳米铁耐腐蚀，等等。纳米铁可以在空气中自燃。

## ◎ 精细陶瓷材料

使用纳米材料可以在低温、低压下生产质地致密且性能优异的陶瓷。因为这些纳米粒子非常小，很容易紧密聚合在一起。此外，这些粒子陶瓷组成的新材料是一种极薄的透明涂料，喷涂在诸如玻璃、塑料、金属、漆器甚至磨光的大理石上，具有防污、防尘、耐刮、耐磨、防火等功能。涂有这种陶瓷的塑料眼镜片既轻又耐磨，还不易破碎。

## ◎ 催化剂

纳米粒子表面积大、表面活性中心多，为做催化剂提供了必要的条件。目前用纳米粉材如铂、银、氧化铝和氧化铁等直接用于高分子聚合物氧化、还原及合成反应的催化剂，可大大提高反应效率。利用纳米镍粉作为火箭固体燃料反应催化剂，燃烧效率可提高 100 倍，如用硅载体镍催化剂对丙醛的氧化反应表明，镍粒径在 5nm 以下，反应选择性发生急剧变化，醛分解反应得到有效控制，生成酒精的转化率大大增加。

**纳米镍粉作为火箭固体燃料**

基础小知识

### 醛

醛，有机化合物的一类，是醛基和烃基（或氢原子）连接而成的化合物。醛基由一个碳原子、一个氢原子及一个双键氧原子组成。醛基也称为甲酰基。

## ◎ 磁性材料

纳米粒子属单磁畴区结构的粒子，它的磁化过程完全由旋转磁化进行，即使不再磁化也是永久性磁体，因此用它可做永久性磁性材料。磁性纳米材料粒子具有单磁畴结构及矫顽力很高的特征，用它来做磁记录材料可以提高信噪比，改善图像质量。当磁性材料的粒径小于临界半径时，粒子就变得有顺磁性，称之为超顺磁性，这时磁相互作用弱。利用这种超强磁性可作磁流体，磁流体具有液体的流动性和磁体的磁性，它在工业废液处理方面有着广阔的应用前景。



## ◎ 传感材料

纳米粒子具有高比表面积、高活性、特殊的物理性质及超微小性等特征，是适合用作传感器材料的最有前途的材料。外界环境的改变会迅速引起纳米材料粒子表面或界面离子价态和电子运输的变化，利用其电阻的显著变化可做成传感器，其特点是响应速度快、灵敏度高、选择性优良。

## ◎ 材料的烧结

由于纳米粒子的小尺寸效应及活性大，不论高熔点材料还是复合材料的烧结，都比较容易。具有烧结温度低、烧结时间短的特点，而且可得到烧结性能良好的烧结体。例如普通钨粉可在3000℃的高温下烧结，而掺入0.1% ~0.5%的纳米镍粉，烧结成型温度可降低到1200℃ ~1311℃。

**拓展思考**

**血　栓**

血栓是血流在心血管系统血管内面剥落处或修补处的表面所形成的小块。在可变的流体依赖型中，血栓由不溶性纤维蛋白、沉积的血小板、积聚的白细胞和陷入的红细胞组成。

纳米传感器速度快、灵敏度高

## ◎ 医学与生物工程

纳米粒子与生物体有着密切的关系。如构成生命要素之一的核糖核酸蛋白质复合体，其粒度在 15～20nm 之间，生物体内的多种病毒也是纳米粒子。此外用纳米 $SiO_2$ 微粒可进行细胞分离，用金的纳米粒子进行定位病变治疗，以减少副作用。研究纳米生物学可以在纳米尺度上了解生物大分子的精细结构及其与功能的关系，获取生命信息，特别是细胞内的各种信息。利用纳米粒子研制成机器人，注入人体血管内，对人体进行全身健康检查，疏通脑血管中的血栓，清除心脏动脉脂肪沉积物，甚至还能吞噬病毒、杀死癌细胞等。

纳米防伪印刷油墨运用在服饰上

## ◎ 印刷油墨

根据纳米材料粒子大小不同，具有不同的颜色这一特点，可不依靠化学颜料而选择颗粒均匀、体积适当的粒子材料来制得各种颜色的油墨。

## ◎ 能源与环保

德国科学家正在设计用纳米材料制作一个高温燃烧器，通过电化学反应过程，不经燃烧就把天然气转化为电

能。天然气的利用率要比一般电厂提高 20% ~30%，而且大大减少了二氧化碳的排气量。

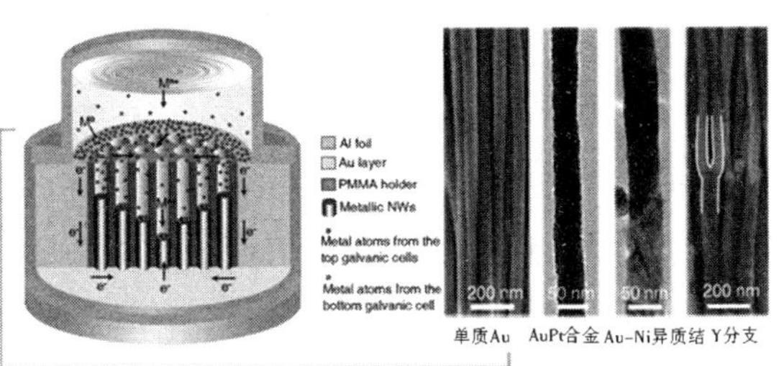


金属纳米线制备示意图

## ◎ 微器件材料

微器件纳米材料，特别是纳米线，可以使芯片集成度提高，电子元件体积缩小，使半导体技术取得突破性进展，大大提高计算机的容量和运行速度，对微器件制作起决定性的推动作用。纳米材料在使机器微型化及提高机器容量方面的应用前景被很多发达国家看好，甚至有人认为它可能引发新一轮工业革命。

## ◎光电材料与光学材料

纳米材料由于其特殊的电子结构与光学性能，作为非线性光学材料、特异吸光材料、军事航空中用的吸波隐身材料，以及包括太阳能电池在内的储能及能量转换材料等，具有很高的应用价值。

### 食品添加剂

食品添加剂是指为改善食品品质和色、香、味以及为防腐和加工工艺的需要而加入食品中的化学合成或天然物质。食品添加剂一般可以不是食物，也不一定有营养价值，但必须符合上述定义的概念，即不影响食品的营养价值，且具有防止食品腐料变质、增强食品感官性状或提高食品质量的作用。

## ◎ 增强材料

纳米结构的合金具有很高的延展性，在航空航天工业与汽车工业中是一类很有应用前景的材料；纳米硅作为水泥的添加剂可大大提高其强度；纳米纤维作硫化橡胶的添加剂可制成橡胶并提高其回弹性，纳米管在做纤维增强材料方面也有潜在的应用前景。

### ◎ 纳米材料的应用

采用纳米材料能分离仅在分子结构上有微小差别的多组混合物，得到纳米滤膜材料。其他还有将纳米材料用作火箭燃料推进剂、$H_2$ 分离膜、颜料稳定剂及智能涂料、复合磁性材料等。纳料材料由于具有特异的光、电、磁、热、声、力、化学和生物学性能，广泛应用于宇航、国防工业、磁记录设备、计算机工程、环境保护、化工、医药、生物工程和核工业等领域。不仅在高科技领域有不可替代的作用，也为传统产业带来生机和活力。可以预言，纳米材料制备技术的不断开发及应用范围的拓展，必将对传统的化学工业和其他产业产生重大影响。

## 多姿多彩的碳纳米世界

### ◎ 谈谈富勒烯

提到“碳”这个名词的时候，你首先想到的是什么？是不小心粘在手上洗不掉的黑色粉末？是小学生常用的铅笔里滑滑的石墨笔芯？还是女士颈上闪闪发光的钻石？实际上，碳的世界远比这些更丰富多彩。如今，人们对世界的认识已经达到了一个更新的层次——纳米尺度。在碳的纳米世界里，有两个新的家族成员——富勒烯和碳纳米管。它们是除无定型碳、石墨和金刚石外新的碳的同素异形体，已经引起科学家广泛的兴趣。

1985 年发现的富勒烯是由碳原子组成的笼状分子化合物，是典型的零维纳米结构，其中最有代表性的当首推 C60。它是由 60 个碳原子组成的、含有 12 个五边形和 20 个六边形的 32 面体，和足球的形状完全相同。因此，富勒

烯也叫“足球烯”。C60 的发现为人们开辟了一个崭新的研究领域，在全球范围内掀起了一场罕见的“碳足球”热。科学家们对这个小小的纳米足球的狂热程度，绝不比风靡全球的世界杯逊色。为了纳米世界的“大力神杯”，科学家们废寝忘食，为每一场胜利而欢呼，为每一次失败而落泪。美国科学家柯尔和斯莫利教授及英国科学家克罗托教授因为富勒烯的发现获得了1996 年度的诺贝尔化学奖，那曾是纳米足球的盛典。

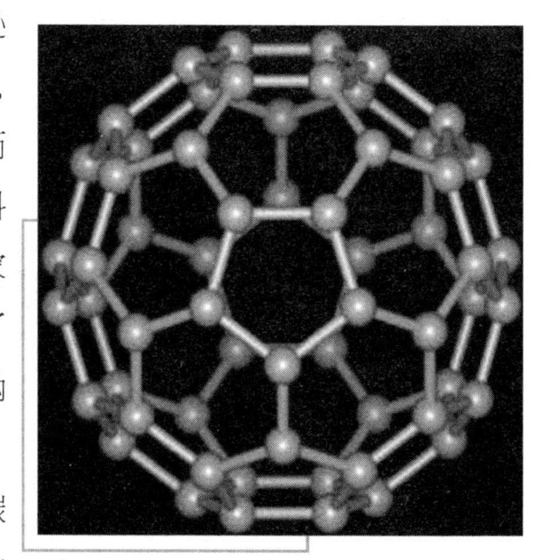

富勒烯的形象图

历时十几年，人们对富勒烯和碳纳米管的认识已经实现了飞跃，在这个全新的碳纳米世界里，自然界最普通的、经常以一袭素衣出现的碳元素，呈现出多姿多彩的一面。

富勒烯和碳纳米管的魅力不仅在于完美的结构，华丽的色彩，还在于多种多样的物理化学性质，以及由此而带来的广阔的应用前景。

由于富勒烯和金属富勒烯独特的分子结构赋予了它们特殊的物理化学性质，人们预期它们将在生物体系、功能材料、催化剂等许多领域大放异彩，而最有可能实现的是金属富勒烯在医学领域的应用。例如金属富勒烯可以成为新一代的核磁成像造影剂。与现在临床上用的造影剂相比，在同样的剂量的条件下，可以呈现更清晰的图像。另外金属富勒烯还有可能成为高效低毒的抗肿瘤药

**趣味点击　金刚石的鉴别方法**

在社会对珠宝钻石需求增加的情况下，人造钻石和其他冒充钻石不断充扩市场，甚至有些珠宝经营者也分不清楚。下面介绍几种简单鉴别钻石真伪的方法。

物，与临床上常用的顺铂或环磷酰胺比较，同样的肿瘤抑制率，用量只是它们的1/5～1/60，而且没有任何副作用。中科院高能物理所的这一研究成果使富勒烯有望成为众多抗癌药物中的一颗明星。

## ◎ 碳纳米的时代

近年来，碳纳米技术的研究相当活跃，多种多样的纳米碳结晶，针状、棒状、桶状等层出不穷。2000年德国和美国科学家还制备出由20个碳原子组成的空心笼状分子。根据理论推算，20个碳原子构成的C60分子是富勒烯式结构分子中最小的一种，考虑到原子间结合的角度、力度等问题，人们一直认为这类分子很不稳定，难以存在。德、美科学家制出的C60笼状分子为材料学领域解决了一个重要的研究课题。碳纳米材料中纳米碳纤维、纳米碳管等新型碳材料具有许多优异的物理和化学特性，被广泛地应用于诸多领域。

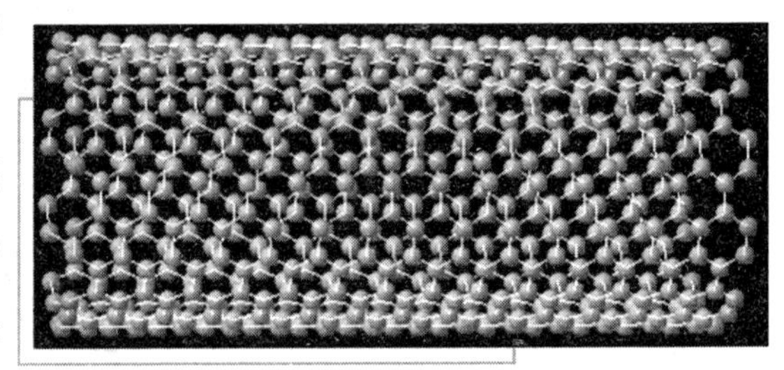
碳纳米时代的到来

纳米碳材料主要包括三种类型：碳纳米管、碳纳米纤维、纳米碳球。

### 拓展阅读

**天然石墨**

石墨的工艺特性主要决定于它的结晶形态。结晶形态不同的石墨矿物，具有不同的工业价值和用途。工业上，根据结晶形态不同，将天然石墨分为三类。

### 碳纳米管

碳纳米管是由碳原子形成的石墨烯片层卷成的无缝、中空的管体，一般可分为单壁碳纳米管、多壁碳纳米管和双壁碳纳

米管。

碳纳米管是1991年日本的科学家饭岛教授在高分辨透射电子显微镜下发现的。和富勒烯不同的是，完美的碳纳米管是由碳原子组成的六边形的管状结构，类似于单个或多个石墨层卷曲而成（单壁碳纳米管或多壁碳纳米管），而只在管子的两端由五边形提供一定的曲率而闭合。碳管的发现被世界权威杂志《科学》评为1997年度人类十大科学发现之一。而更重要的是，碳管使各种一维纳米结构进入人们的视野。

很难想象我们印象中漆黑的碳所形成的纳米碳笼是五颜六色的吧？它们的溶液颜色可以依碳笼大小而改变：60个碳原子形成的碳笼（C60）是紫色的，70个碳原子形成的碳笼（C70）变成暗红色，而由80个碳形成的碳笼（C80）则是绿色的……在碳笼的空腔内包入金属原子形成的金属富勒烯溶液也同样异彩纷呈，包入金属钐的富勒烯是橘红色的，包入金属钆的富勒烯是棕色的，而包入金属铕的富勒烯发出绿宝石一样的光芒……不仅如此，由碳元素组成的纳米管还拥有荧光等新的光学性质。

碳纳米管的性质和应用同样独领风骚。由于良好的机械特性、电学和力学等性能，碳纳米管在复合材料、纳米电子元件、化学生物传感器等方面成为另一种很有前途的纳米材料。例如，中科院物理所合成的挑战理论极限的世界上最细的纳米管（管径0.5nm）在5K（-268.15℃）时就有超导特性。在生物医学领域，将生物分子（如DNA）连接到管子上可以做生物传感器或起到运输、传递药物的作用。金属富勒烯和碳纳米管的完美结合——纳米豌豆荚（peapod）使半导体型纳米管分割成多个量子点，这种材料可以用于纳米电子或纳米光电子器件。

**碳纳米纤维**

分为丙烯腈碳纤维和沥青碳纤维两种。碳纳米纤维质轻于铝而强度高于钢，它的比重是铁的1/4，强度是铁的10倍，除了有高超的强度外，其化学性能非常稳定，耐腐蚀性高，同时耐高温和低温、耐辐射、消臭。碳纤维可以使用在各种不同的领域，如航空器材、运动器械、建筑工程的结构材料，缺点是制造成本高。美国伊利诺伊大学发明了一种廉价碳纤维，有高强的韧性，同时有很强劲的吸附能力、能过滤有毒的气体和有害的生物，可用于制造防毒衣、面罩、手套等防护性服装。

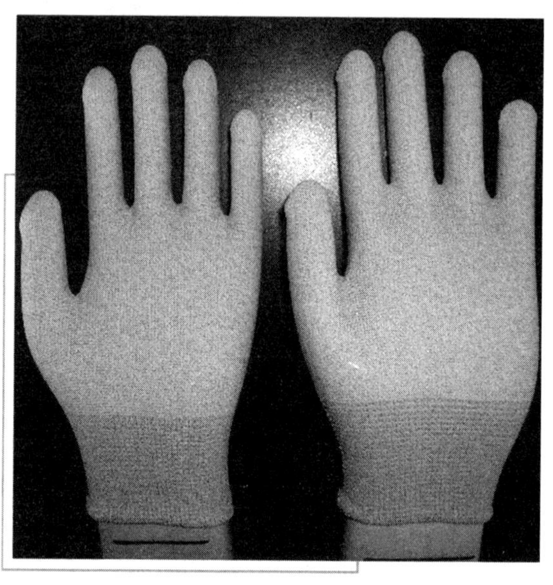

碳纤维防静电手套

## 知识小链接

### 丙烯腈

丙烯腈是一种无色的有辛辣气味液体，属大众基本有机化工产品，是三大合成材料——合成纤维、合成橡胶、塑料的基本且重要的原料，在有机合成工业和人民经济生活中用途广泛。

**纳米碳球**

根据尺寸大小将碳球分为：①富勒烯族系 Cn 和洋葱碳（具有封闭的石墨层结构，直径在 2～20nm），如 C60，C70 等；②未完全石墨化的纳米碳球，直径在 50nm～1μm；③碳微珠，直径在 11μm 以上。另外，根据碳球的结构形貌可分为空心碳球、实心硬碳球、多孔碳球、核壳结构碳球和胶状碳球等。

在中国，很多科学家在碳纳米领域都做出了卓越的成绩，这些醉心于碳纳米世界的人，既是科学家，又是艺术家，还是魔术师。他们不仅让我们从一个全新的角度认识世界，而且为我们创造了一个五彩缤纷的新天地。

富勒烯和碳纳米管已对化学、物理和材料科学产生了深远的影响，随着研究的不断深入，全新的碳纳米世界可望给人类带来巨大的财富。

# 纳米与生产生活



在21世纪的今天，纳米技术已经悄悄渗透到我们的衣、食、住、行等日常生活的各个方面。应用纳米技术与纳米材料也成为人们必不可少的需求。

从20世纪90年代初起，科学技术部、国家自然科学基金委员会、中国科学院就将纳米技术研究列入了攀登计划项目和相关的重大、重点项目，去年科技部又启动了有关纳米材料的国家重点基础研究项目，投入的基础研究与支持资金已达数千万元。

目前，中国已经建成了几个纳米技术研究基地

有关专家称，随着纳米功能材料技术的不断发展，以及在各领域的全面推广应用，人们的生活将会发生革命性的变化，纳米时代离我们越来越近。

# 纳米材料在生产中的应用

## ◎ 纳米材料在工程上的应用

纳米材料的小尺寸效应使得通常在高温下才能烧结的材料如 Si、C 等在纳米尺度下用较低的温度即可烧结。还有，纳米材料作为烧结过程中的活性添加剂使用也可降低烧结温度，缩短烧结时间。由于纳米粒子的尺寸效应和表面效应，使得纳米复合材料的熔点和相转变温度下降，在较低的温度下即可得到烧结性能良好的复合材料。由纳米颗粒构成的纳米陶瓷在低温下出现良好的延展性。纳米 $TiO_2$ 陶瓷在室温下具有良好的韧性，即使在 180℃ 下经受弯曲也不产生裂纹。纳米复合陶瓷具有良好的室温和高温力学性能，在切削刀具、轴承、汽车发动机部件等方面应用广泛，在许多超高温、强腐蚀等许多苛刻的环境下起着其他材料无法取代的作用。随着陶瓷多层结构在微电子器件的封装、电容器、传感器等方面的应用，利用纳米材料的优异性能来制作高性能电子陶瓷材料也成为一大热点。有人预计纳米陶瓷很可能发展成为跨世纪新材料，使陶瓷材料的研究出现一个新的飞跃。纳米颗粒添加到玻璃中，可以明显改善玻璃的脆性。无机纳米颗粒具有很好的流动性，可以用来制备在某些特殊场合下使用的固体润滑剂。

汽车节油器专用纳米陶瓷球

基础小知识

**轴承的分类**

按载荷方向可分为：①径向轴承，又称向心轴承，承受径向载荷。②止推轴承，又称推力轴承，承受轴向载荷。③径向止推轴承，又称向心推力轴承，同时承受径向载荷和轴向载荷。按轴承工作的摩擦性质不同可分为滑动摩擦轴承（简称滑动轴承）和滚动摩擦轴承（简称滚动轴承）两大类。



## ◎纳米材料在涂料方面的应用

纳米材料由于其表面和结构的特殊性，具有一般材料无法比拟的优异性能，显示出强大的生命力。表面涂层技术也是当今世界关注的热点。纳米材料为表面涂层提供了良好的机遇，使得涂料的功能化具有极大的可能。借助于传统的涂层技术，添加纳米材料，可获得纳米复合体系涂层，实现功能的飞跃，使得传统涂层功能改性。涂层按其用途可分为结构涂层和功能涂层。结构涂层是指涂层提高基体的某些性质和改性；功能涂层是赋予基体所不具备的性能，从而获得传统涂层没有的功能。结构涂层有超硬、耐磨涂层，抗氧化、耐热、阻燃涂层，耐腐蚀、装饰涂层等；功能涂层有消光、光反射、光选择吸收的光学涂层，导电、绝缘、半导体特性的电学涂层，氧敏、湿敏、气敏的敏感特性涂层等。在涂料中加入纳米材料，可进一步提高其防护能力，实现防紫外线照射、耐大气侵害和抗降解、变色等功能。应用在卫生用品上可起到杀菌保洁作用。在标牌上使用纳米材料涂层，可利用其光学特性，达到储存太阳能、节约能源的目的。在建材产品如玻璃、涂料中加入适宜的纳米材料，可以达到减少光的透射和热传递，达到隔热、阻燃等效果。

**知识小链接**

### 导 电

固体的导电是指固体中的电子或离子在电场作用下的远程迁移，通常以一种类型的电荷载体为主，如：电子导体，以电子载流子为主体的导电；离子导电，以离子载流子为主体的导电；混合型导体，其载流子电子和离子兼而有之。除此以外，有些电现象并不是由于载流子迁移所引起的，而是电场作用下诱发固体极化所引起的，例如介电现象和介电材料等。

日本松下公司已研制出具有良好静电屏蔽功能的纳米涂料，所应用的纳米微粒有氧化铁、二氧化钛和氧化锌等。这些具有半导体特性的纳米氧化物粒子，在室温下具有比常规的氧化物更高的导电特性，因而能起到静电屏蔽作用，而且氧化物纳米微粒的颜色不同，这样还可以通过复合控制静电屏蔽涂料的颜色，克服炭黑静电屏蔽涂料只有单一颜色的单调性。纳米材料的颜色不仅随粒径而变，还具有随角度变色的效应。在汽车的装饰喷涂业中，将纳米 $TiO_2$ 添加在汽车、轿车的金属闪光面漆中，能使涂层产生丰富而神秘的色彩效果，从而使传统汽车面漆旧貌换新颜。纳米 $SiO_2$ 是一种抗紫外线辐射的材料。在涂料中加入纳米 $SiO_2$，可使涂料的抗老化性能、光洁度及强度成倍增加。纳米涂层具有良好的应用前景，将为涂层技术带来一场新的技术革命，同时也将推动复合材料的研究开发与应用。

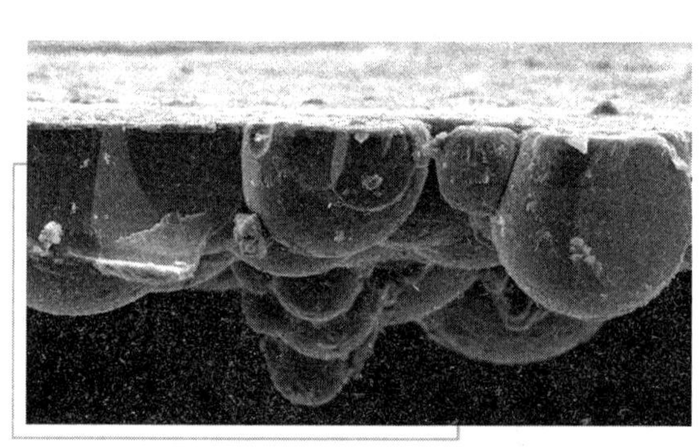

纳米涂层的放大示意图

## ◎ 纳米材料在催化方面的应用

催化剂在化工领域中起着举足轻重的作用，它可以控制反应时间、提高反应效率和反应速度。大多数的传统催化剂不仅催化效率低，而且其制备是凭经验进行，不仅造成生产原料的巨大浪费，使经济效益难以提高，而且对环境也造成污染。纳米粒子表面活性中心多，为它做催化剂提供了必要条件。纳米粒子做催化剂，可大大提高反应效率，控制反应速度，甚至使原来不能进行的反应也能进行。纳米粒子作为催化剂比一般催化剂的反应速度提高10～15倍。

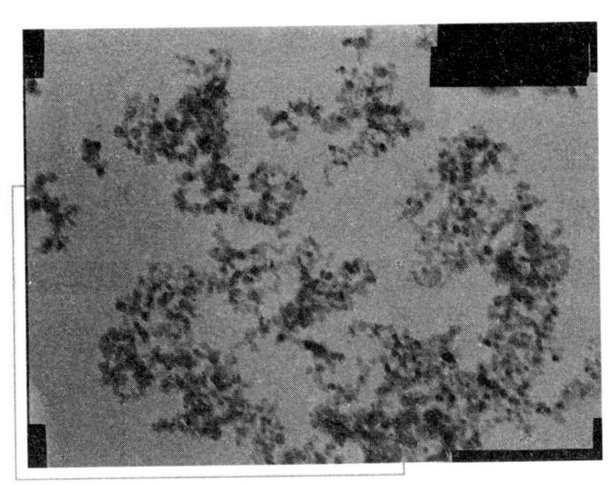

催化剂用纳米二氧化钛

光催化反应涉及许多反应类型，如醇与烃的氧化，无机离子氧化还原，有机物催化脱氢和加氢、氨基酸合成，固氮反应，水净化处理，水煤气变换等，其中有些多相催化是难以实现的。半导体多相光催化剂能有效地降解水中的有机污染物。有文章报道称，选用硅胶为基质，制得了催化活性较高的 $TiO/SiO_2$ 负载型光催化剂。Ni 或 Cu-Zn 化合物的纳米颗粒，对某些有机化合物的氢化反应是极

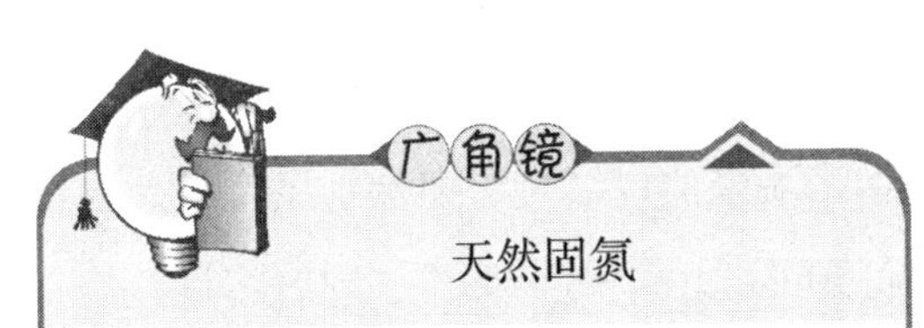

广角镜

**天然固氮**

闪电能使空气里的氮气转化为一氧化氮，一次闪电能生成80～1500kg的一氧化氮。这也是一种自然固氮。自然固氮远远满足不了农业生产的需求。

好的催化剂，可代替昂贵的铂或钮催化剂。纳米铂黑催化剂可使乙烯的氧化反应温度从600℃降至室温。用纳米粒子作催化剂以提高反应效率、优化反应路径、提高反应速度方面的研究，是未来催化科学不可忽视的重要研究课题，很可能给催化剂在工业上的应用带来革命性的变革。

## ◎ 纳米陶瓷材料增韧改性

陶瓷材料作为材料的三大支柱之一，在日常生活及工业生产中起着举足轻重的作用。但是，由于传统陶瓷材料质地较脆，韧性、强度较差，因而使其应用受到了较大的限制。随着纳米技术的广泛应用，纳米陶瓷随之产生，可能克服陶瓷材料的脆性缺点，使陶瓷具有像金属一样的柔韧性和可加工性。英国著名材料专家卡恩指出纳米陶瓷是解决陶瓷脆性的战略途径。所谓纳米陶瓷，是指显微结构中的物相具有纳米级尺度的陶瓷材料，也就是说晶粒尺寸、晶界宽度、第二相分布、缺陷尺寸等都是在纳米量级的水平上。要制备纳米陶瓷，这就需要解决粉体尺寸、形貌和分布的控制，团聚体的分散和控制，块体形态、缺陷、粗糙度以及成分的控制。著名科学家格莱特指出，如果多晶陶瓷是由大小为几个纳米的晶粒组成，则能够在低温下表现出延展性，可发生100%的塑性形变。科学家还发现，纳米 $TiO_2$ 陶瓷材料在室温下具有优良的韧性，在180℃经受弯曲而不产生裂纹。

许多专家认为，如能解决单相纳米陶瓷的烧结过程中抑制晶粒长大的技术问题，从而生产出陶瓷晶粒尺寸在50nm以下的纳米陶瓷，它就将具有的高硬度、高韧性、低温超塑性、易加工等传统陶瓷无与伦比的优点。上海硅酸盐研究所研究发现，纳米3Y－TZP陶瓷（晶粒尺寸在100nm左右）在经室温循环拉伸试验后，其样品的断口区域发生了局部超塑性形变，形变量高达380%，并从断口侧面观察到了大量通常出现在金属断口的滑移线。还有专家对制得的 $Al_2O_3$－SiC纳米复相陶瓷进行拉伸蠕变实验，结果发现伴随晶界的滑移，$Al_2O_3$ 晶界处的纳米SiC粒子发生旋转并嵌入 $Al_2O_3$ 晶粒之中，从而增

强了晶界滑动的阻力，也即提高了 $Al_2O_3-SiC$ 纳米复相陶瓷的蠕变能力。

## 纳米金属的成员

### ◎ 钴（Co）

高密度磁记录材料：利用纳米钴粉记录密度高、矫顽力高（可达 119.4KA/m）、信噪比高和抗氧化性好等优点，可大幅度改善磁带和大容量软磁盘或硬磁盘的性能。

磁流体：用铁、钴、镍及其合金粉末生产的磁流体性能优异，可广泛应用于密封减震、医疗器械、声音调节、光显示等。

钴的黑色粉末

吸波材料：金属纳米粉体对电磁波有特殊的吸收作用。铁、钴、氧化锌粉末及碳包金属粉末可作为军事用高性能毫米波隐形材料、可见光—红外线隐形材料和结构式隐形材料，以及手机辐射屏蔽材料。

**拓展思考**

**磁流体的密封**

磁流体密封装置由不导磁座、轴承、磁极、永久磁铁、导磁轴、磁流体组成，在磁场的作用下，使磁流体充满环形空间，建立起一系列“O 型密封圈”，从而达到密封的效果。

### ◎ 铜（Cu）

金属和非金属的表面导电涂层处理：纳米铝、铜、镍粉体有高活化表面，在无氧条件下可以在低于粉体熔点的温度实施涂层。此技术可应用于微电子器件的生产。

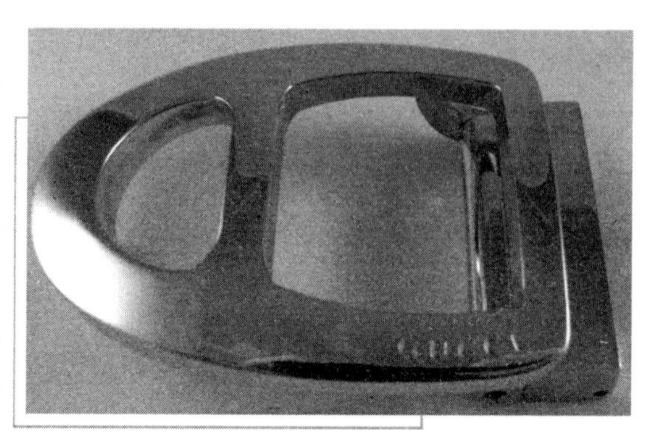
铜制的扣头

高效催化剂：铜及其合金纳米粉体用作催化剂，效率高、选择性强，可用于二氧化碳和氢合成甲醇等反应过程中的催化剂。

导电浆料：用纳米铜粉替代贵金属粉末成为制备性能优越的电子浆料，可大大降低成本。此技术将促进微电子工艺的进一步优化。

## ◎ 铁（Fe）

高性能磁记录材料：利用纳米铁粉的矫顽力高、饱和磁化强度大（可达1477km$^2$/kg）、信噪比高和抗氧化性好等优点，可大幅度改善磁带和大容量磁盘的性能。

高性能磁记录材料的铁

导磁浆料：利用纳米铁粉的高饱和磁化强度和高磁导率的特性，可制成导磁浆料，用于精细磁头的黏结结构等。

纳米导向剂：一些纳米颗粒具有磁性，以其为载体制成导向剂，可使药物在外磁场的作用下聚集于体内的局部，从而对病理位置进行高浓度的药物治疗，特别适于癌症、结核等有固定病灶的疾病。

## ◎ 镍（Ni）

磁流体：铁、钴、镍及其合金粉末可广泛应用于密封减震、医疗器械、声音调节、光显示等。

镍生产的磁流体可以用于医疗器械

高效催化剂：由于比表面具有高活性，纳米镍粉具有极强的催化效果，可用于有机物氢化反应、汽车尾气处理等。

高效助燃剂：将纳米镍粉添加到火箭的固体燃料推进剂中，可大幅度提高燃料的燃烧热、燃烧效率，改善燃烧的稳定性。

导电浆料：电子浆料广泛应用于微电子工业中的布线、封装、连接等，对微电子器件的小型化起着重要作用。用镍、铜、铝纳米粉体制成的电子浆料性能优越，有利于线路进一步微细化。

高性能电极材料：用纳米镍粉辅加适当工艺，能制造出具有巨大表面积的电极，可大幅度提高放电效率。

活化烧结添加剂：纳米粉末由于表面积和表面原子所占比例都很大，所以具有较高的

### 甲　醇

甲醇结构最为简单的饱和一元醇，化学式 CH3OH。又称“木醇”或“木精”。其是无色有酒精气味易挥发的液体。有毒，误饮 5～10 毫升能双目失明，大量饮用会导致死亡。用于制造甲醛和农药等，并用作有机物的萃取剂和酒精的变性剂等。通常由一氧化碳与氢气反应制得。

能量状态，在较低温度下便有较强的烧结能力，是一种有效的烧结添加剂，可大幅度降低粉末冶金产品和高温陶瓷产品的烧结温度。由于纳米铝、铜、镍有高活化表面，在无氧条件下可以在低于粉体熔点的温度实施涂层，用于金属和非金属的表面导电涂层处理。这种涂层技术可应用于微电子器件的生产。

### ◎ 锌（Zn）

高效催化剂：锌及其合金纳米粉体用作催化剂，效率高、选择性强，可用于二氧化碳和氢合成甲醇等反应过程中的催化剂。

## 话说纳米塑料

“纳米塑料”是指基体为高分子聚合物，通过纳米粒子在塑料树脂中的充分分散，有效地提高了塑料的耐热、耐酸、耐磨等性能。“纳米塑料”能使普通塑料具有像陶瓷材料一样的刚性和耐热性，同时又保留了塑料本身所具备的韧性、耐冲击性和易加工性。目前，能实行产业化的有通过纳米粒子改性的 NPE、NPET 和 NPA6（即纳米聚乙烯、纳米 PET 聚脂、纳米尼龙 6）。利用纳米粒子，将银（$Ag^{+}$）加入到粒子表面的微孔中并使其趋于稳定，就能制成纳米栽银抗菌材料，将这种材料加入到塑料中，就能使塑料具有抗菌防霉、自洁等优良性能，成为绿色环保产品。目前，已在 ABS、SPVC、HIPS、PP 塑料中得到应用。

“纳米塑料”是一种高科技的新材料，具有很好的发展前景。由于国内对这种新材料还缺乏认识，没有完整的质量保证体系和严密的生产管理，正处于一种“一哄而上”的状态，鱼目混珠、真假难辨，使“纳米塑料”一开始便面临夭折的危险。因此，科学家迫切希望国家有关部门能通过相应的标准

和法规来保护这一新材料，促进它的健康成长。

## ◎ 纳米通用塑料

通用塑料指聚乙烯（PE）、聚丙烯（PP）、聚氯乙烯（PVC）、聚苯乙烯（PS）和丙烯酸类塑料等大塑料品种。

纳米塑料瓶

对于这类塑料的改性，过去多是采用加入填充料的方式，首先是为了降低成本，后来是为了增韧以得到工程塑料，并进一步向塑料功能化发展，通过添加料的方法可以得到具有导电、抗静电、热塑磁性和压敏等功能的塑料。

**拓展思考**

### 聚氯乙烯

聚氯乙烯本色为微黄色半透明状，有光泽。透明度胜于聚乙烯、聚丙烯，差于聚苯乙烯，随助剂用量不同，分为软、硬聚氯乙烯，软制品柔而韧，手感黏；硬制品的硬度高于低密度聚乙烯而低于聚丙烯，在屈折处会出现白化现象。

纳米材料的出现，为添加型塑料提供了广阔的空间。其中，通用塑料首当其冲，纳米技术最早就是用于通用塑料的改性。例如：纳米碳酸钙对高密度聚乙烯的改性，当加入碳酸钙的质量分数为20%以下时，其耐冲击强度随加入碳酸钙的增加而增加，拉伸和弯曲强度也有所提高。

在此，填料有一个最大加

入百分比，即有一个加入最大值，而且，该值和碳酸钙的表面处理类型有关。未经表面处理的纳米碳酸钙填充体系的耐冲击强度随碳酸钙用量呈逐渐增加趋势，即碳酸钙用量越多，材料可承受的冲击力度越大。经表面处理后，材料的耐冲击强度随碳酸钙用量变化规律已完全改变。材料在低纳米碳酸钙含量（约4% ~6%）时即实现增韧目的，耐冲击强度提高接近一倍，增韧效果显著；当碳酸钙用量进一步增加时，材料的冲击强度呈缓慢下降的趋势。而几种表面处理剂对拉伸弯曲性能的影响基本相同；与处理体系相比，经表面处理后材料的拉伸、弯曲性能并无明显改善。

纳米 PVC 材料的成品

此外，还有纳米 PVC、纳米 PP、纳米 PAA、纳米 PS 等，都是加入不同的纳米材料得到的纳米通用塑料。

## ◎ 纳米工程塑料

纳米工程塑料指纳米材料对尼龙（PET）、聚酯（PBE）的改性工程塑料。

尼龙加入纳米黏土改变了它的各种性能指标，例如，尼龙加纳米黏土使其结晶性改变。原来尼龙在热分析上 DSC 图谱上只有一个熔融峰，加入纳米黏土后，有三个熔融峰，说明纳米尼龙中有三种晶体存在。纳米黏土增强了尼龙的力学性能。

## 知识小链接

### 尼龙

尼龙是美国杰出的科学家卡罗瑟斯及其领导下的一个科研小组研制出来的，是世界上第一种合成纤维。尼龙的出现使纺织品的面貌焕然一新，它的合成是合成纤维工业的重大突破，同时也是高分子化学的一个重要里程碑。

纳米黏土对尼龙的影响是减少了尼龙的半结晶时间，降低了尼龙的平衡点。这些表明：纳米尼龙的力学性能、热性能得到了提高，对气体、水蒸气的阻隔性也有很大的改善。纳米尼龙的结晶速率的提高，使成型时模具温度降低，加工性能也随之提高。用做工程塑料时，还可以不添加结晶成核剂、结晶促进剂和坚韧剂而直接与其他填料复合。由于纳米填充粒子尺寸很小，塑料在加入纳米材料后仍能保持一定的透明性。实际应用中可以通过加工条件控制使其制品透明、半透明或不透明，以适应不同场合的需要。

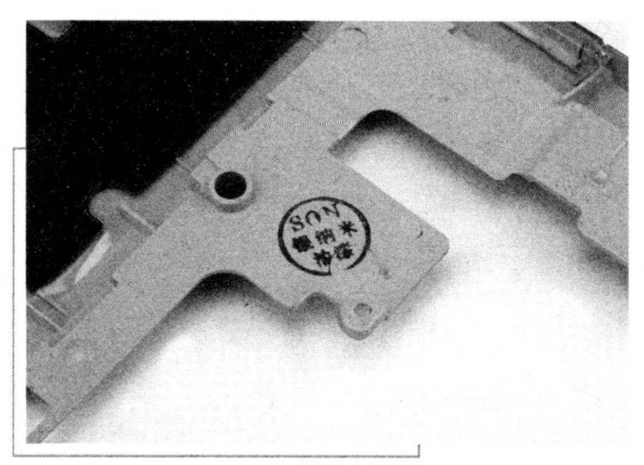

纳米涂层工程塑料

实践表明由纳米 PET 吹制的瓶材具有良好的阻隔性，是啤酒和软饮料的理想包装材料。

## ◎ 纳米特种工程塑料

纳米特种工程塑料是利用纳米材料对聚四氟乙烯（PTFE）、聚酰亚胺（PI）、聚醚醚酮（PEEK）等改性的特种工程塑料。

聚四氟乙烯（PTFE）管棒

PTFE 是一种性能良好的特种工程塑料，常用于滑动摩擦零件。但由于纯 PTFE 的硬度低，耐磨性差，近年来人们对 PTFE 的改性进行了很多研究。发现在 PTFE 中加入石墨、二硫化钼、铜粉、玻纤、碳纤等，可以显著提高其强度、硬度及耐磨性。

双马来酰亚胺树脂是航天、航空、火箭、导弹制造中用量较大的树脂品种，但这种材料固化温度高，材料内应力偏大，加工性能不好。为解决这一问题，以前多采用引发剂或催化剂来降低其固化温度，但效果并不十分明显。纳米材料作为改善高分子材料力学性能的添加剂，在提高双马来酰亚胺树脂的韧性、溶解性方面具有明显的效果。经过试验，纳米二氧化钛对双马来酰亚胺树脂的固化具有催化作用，它可使树脂固化温度降低，并使固化后的树脂玻璃化温度提高。

PEEK 是重要的耐热性热塑性树脂，属特种工程塑料，

**催化剂的类型**

按状态可分为液体催化剂和固体催化剂。按反应体系的相态分为均相催化剂和多相催化剂。均相催化剂有酸、碱、可溶性过渡金属化合物和过氧化物催化剂。多相催化剂有固体酸催化剂、有机碱催化剂、金属催化剂、金属氧化物催化剂、络合物催化剂、稀土催化剂、分子筛催化剂、生物催化剂、纳米催化剂等。按照反应类型又分为聚合、缩聚、接枝、酯化、缩醛化、加氢、脱氢、氧化、还原、烷基化、异构化等催化剂。按照作用大小还分为主催化剂和助催化剂。

是近20年来研究最多的高性能塑料品种，已在航天、航空、火箭和导弹零部件上得到较为广泛应用，主要用作耐热零部件，而在民用中多用作摩擦材料。将纳米SiC陶瓷微粒作为填充PEEK，能显著地改善其摩擦性能和部分力学特性。

为了比较纳米SiC陶瓷粒子填充PEEK和微米SiC陶瓷粒子填充PEEK的摩擦特性，有人利用热压法分别以纳米SiC和微米SiC作为填料，制取了两种不同SiC填充的聚醚醚酮材料，并对它们在相同摩擦条件下的摩擦磨损性能进行了研究。同时还用电子扫描显微镜对摩擦表面形貌进行了观察，进而对材料的磨损机理做了分析。研究结果表明，10%纳米SiC作为填料能有效地改善PEEK的摩擦磨损性能，而相同含量的微米SiC作为填料只能使PEEK耐磨性能有所改善，但没有减摩效果。微米SiC填充PEEK的磨损方式是以严重的犁削和磨粒磨损为主，而纳米SiC填充PEEK的磨损方式则是以轻微的黏着磨损为主。这表明纳米SiC的加入大大改善了材料的耐磨性。

**聚醚醚酮PEEK树脂**

## ◎ 纳米功能塑料

纳米功能塑料是指加入纳米材料使塑料增加了某些功能的塑料，例如加入二氧化钛的导电塑料、加入磁粉的磁性塑料、加入抗菌剂的抗菌塑料和加入纳米荧光剂的荧光塑料等。下面介绍几种主要的功能塑料。

（1）纳米导电塑料。聚吡咯（PPY）在空气中具有较好的稳定性，但它的力学性能、加工性能和导电性能限制了其应用。为解决它的刚性主链引起的加工困难，采用化学方法调整聚合物的主链结构，使吡咯单体与适当的功能化单体共聚，使用聚合物型或表面活性剂型的掺杂阴离子，合成稳定 PPY 胶体粒子。为综合改善 PPY 的导电性和成型问题，人们曾尝试过的合成方法有电化学合成法、化学蒸气沉积法和化学合成法。尽管如此，PPY 的力学性能、加工性能和导电性能仍不理想。

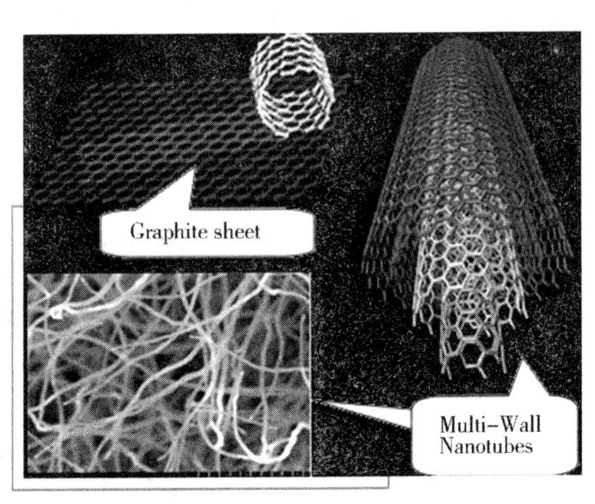

纳米导电管示意图

选择水为介质，以三氯化铁为氧化剂进行化学聚合，方法简单易行。在加入纳米二氧化硅粒子后所得的 PPY 粉末便于冷压成型，可用作二次电池的电极材料、免疫医学的示踪剂、离子传感器、抗静电屏蔽材料、太阳能材料。

（2）纳米抗菌塑料。纳米抗菌塑料是近年来应用最多的纳米塑料，特别是在家电产品上。纳米抗菌塑料主要是在塑料中或表面加入纳米抗菌剂，例如二氧化钛、氧化锌和沸石、磷酸复盐等，制得纳米抗菌塑

**趣味点击　氧化锌的力学性能**

氧化锌的硬度约为 4.5，是一种相对较软的材料。氧化锌的弹性常数比氮化镓等 III－V 族族半导体材料要小。氧化锌的热稳定性和热传导性较好，而且沸点高，热膨胀系数低，在陶瓷材料领域有用武之地。在各种具有四面体结构的半导体材料中，氧化锌有着最高的压电张量。该特性使得氧化锌成为机械电耦合重要的材料之一。

料。可广泛应用于冰箱、洗衣机、卫生洁具。

纳米抗菌塑料管

（3）纳米吸波材料。吸波材料在现代和未来战争中起着重要作用，尤其在武器隐形装备方面。因此，吸波材料已逐渐发展成为一种重要的新型材料。所谓吸波材料是指能够通过自身的吸收作用来减少雷达波的材料，其基本原理是将雷达波转换成为其他形式的能量（如机械能、电能和热能）并消耗掉。

目前雷达吸波材料主要由吸收剂与高分子树脂组成，而决定吸波性能的关键是吸收剂的类型和含量。根据吸收机理的不同，吸收剂可分为电损耗型和磁损耗型两大类。



## 新型材料——纳米磁性材料

磁性是物质的基本属性之一，磁性材料是古老而用途十分广泛的功能材料。纳米磁性材料是20世纪70年代后逐步产生、发展、壮大而成为最具宽广应用前景的新型磁性材料。美国政府一直大幅度追加纳米科技研究经费，其原因之一是磁电子器件巨大的市场与高科技所带来的

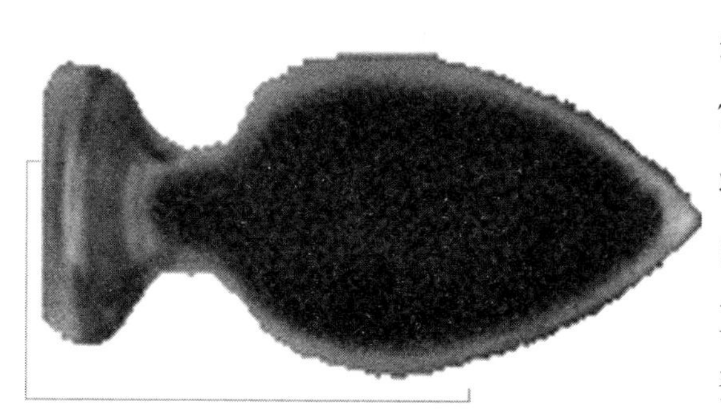

纳米吸波材料

高利润。其中巨磁电阻效应高密度读出磁头的市场价值估计为10亿美元，目前已进入大规模的工业生产，磁随机存储器的市场价值估计为1000亿美无，预计不久将投入生产。

基础小知识

### 磁　性

能吸引铁、钴、镍等物质的性质称为磁性。磁铁两端磁性强的区域称为磁极，一端称为北极（N极），一端称为南极（S极）。实验证明，同性磁极相互排斥，异性磁极相互吸引。

纳米磁性材料及应用大致上可分三大类型：

1. 纳米颗粒型（磁记录介质、磁性液体、磁性药物、吸波材料等）；

2. 纳米微晶型（纳米微晶永磁材料、纳米微晶软磁材料等）；

3. 纳米结构型（人工纳米结构材料、薄膜、颗粒膜、多层膜、隧道结、天然纳米结构材料、钙钛矿型化合物等）。

纳米磁性材料成品

纳米磁性材料的特性不同于常规的磁性材料，其原因在于它与磁相关的特征的物理长度恰好处于纳米量级，例如：单磁畴尺寸、超顺磁性临界尺寸、交换作用长度、以及电子平均自由路程都大致处于1～100nm量级，当磁性体的尺寸与这些特征物理长度相当时，就会呈现反常的磁学性质。

磁性材料与信息化、自动化、机电一体化以及国防，国民经济的方方面面紧密相关。磁记录材料至今仍是信息工业的主体，磁记录工业的产值每年约2000亿美元。为了提高磁记录密度，磁记录介质中的磁性颗粒尺寸已由微米、亚微米向纳米尺度过度，例如合金磁粉的尺寸约80nm，钡铁氧体磁粉的尺寸约40nm。进一步发展的方向是所谓“量子磁盘”，利用磁纳米线的存储特性，记录密度预计可达400Gb/in$^2$（相当于每平方厘米可存储20万部红楼梦），超顺磁性所决定的极限磁记录密度理论值约为6000Gb/in$^2$。近年来，磁盘记录密度突飞猛进，现已超过10Gb/in$^2$，其中最主要的原因是应用了巨磁电阻效应的读出磁头，而巨磁电阻效应是基于电子在磁性纳米结构中与自旋相关的输运特性。



## ◎磁性纳米材料的应用

磁性液体最先用于宇航工业，后应用于民用工业。这是十分典型的纳米颗粒的应用，它由超顺磁性的纳米微粒包覆表面活性剂，然后弥散在基液中而构成。目前美、英、日、俄等国都有生产磁性液体的公司。磁性液体广泛地应用于旋转密封，如磁盘驱动器的防尘密封、高真空旋转密封等，以及扬声器、阻尼器件、磁印刷等应用。

磁性纳米颗粒作为靶向药物，细胞分离等医疗应用也是当前生物医学的一热门研究课题，有的药物已步入临床试验。

1967年$SmCo_5$——第一代稀土永磁材料问世，树立了永磁材料发展史上新的里程碑，1972年第二代$SmCo_{17}$——稀土永磁材料研制成功，1983年高性能、低成本的第三代稀土永磁材料NdFeB诞生，奠定了稀土永磁材料在永磁材料中的霸主地位。1993年日本稀土永磁

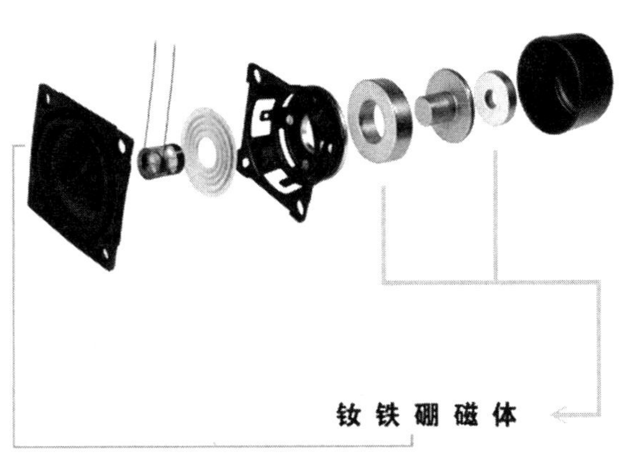


稀土永磁材料

的产值首次超过永磁铁氧体，2000 年全球烧结 NdFeB 的产值已达到 30 亿美元，并超过永磁铁氧体。烧结 NdFeB 的幅度磁性能为永磁铁氧体的 12 倍，因此，在相似的情况下，体积、重量将大幅度减小，从而实现高效、低能的目标。纳米复合双柏稀土永磁材料适用于制备微型、异型电机，是稀土永磁材料研究与应用中的重要方向。

磁电子纳米结构器件是 20 世纪末最具有影响力的重大科研成果。除巨磁电阻效应读出磁头、MRAM、磁传感器外，全金属晶体管等新型器件的研究正方兴未艾。磁电子学已成为一门颇受青睐的新学科。

## 农业发展与纳米技术

纳米技术在农业上应用十分广泛，特别是食品加工及传统农业改造。纳米材料固化酶，用于食品加工和酿造业及沼气发酵，可以大大提高生产效率。用纳米膜技术，可以分离食品中多种营养和功能性物质。

利用纳米加工、粉碎技术粉碎的磷矿石，可以直接用于农作物，能大量减少制磷肥用硫酸的使用。动物杂碎骨、珍珠、蚕丝、茶叶等农副产品都可用纳米加工技术进行粉碎，可生产食品、化妆品、保健品等，经纳米加工技术粉碎至 1 微米以下尺度，加上适当助剂，就能成为很好的杀菌剂，甚至可以把一些固体农药直接加工成纳米农药。这种纳米级农药，易进入害虫的呼吸系统、消化系统及表皮内发挥其杀灭害虫的作用。

利用纳米技术中的光催化技术，可以消除水果、蔬菜表面的农药残余及其他污染。这一技术还可以光、水、氧气等为原料生产杀菌农药。因为光催化技术可使水、氧气等成为具有极强氧化还原能力的物质，可以杀灭细菌、真菌和病毒。这种农药适用于绿色、有机食品生产。

纳米技术还有可能将纤维素粉碎成单一葡萄糖和纤维二糖等，使地球上丰富的有机物成为人、畜可以利用的营养物质和化工原料。

## 知识小链接

### 葡萄糖

葡萄糖又称为玉米葡糖、玉蜀黍糖，甚至简称为葡糖，是自然界分布最广且最为重要的一种单糖，它是一种多羟基醛。纯净的葡萄糖为无色晶体，有甜味但甜味不如蔗糖，宜溶于水，微溶于乙醇，不溶于乙醚。水溶液旋光向右，故亦称“右旋糖”。葡萄糖在生物学领域具有重要地位，是活细胞的能量来源和新陈代谢中间产物。植物可通过光合作用产生葡萄糖。在糖果制造业和医药领域有着广泛应用。

利用纳米技术，只要操纵 DNA 链上少数几种氨基酸甚至改变几个原子的排列，就可以培养出有新性状的品种甚至全新的物种。纳米技术也为光合作用、生物固氮、生物制氢等具有重大意义的生物反应的人工模拟实验提供可能。因为纳米材料粉末极细，表面积大、表面活性中心数目多，催化能力强，为光解水、利用二氧化碳和水合成有机物等提供有效催化手段。利用纳米材料可以制成防紫外线、转光和有色农用膜，而且也能生产可分解发地膜等。

纳米技术在农业上的应用前景十分广阔，必将进一步促进农业新技术革命。

## 纳米技术与水产养殖

纳米技术与水产养殖，乍听起来是风马牛不相及的事，但实践证明，纳米技术解决了传统的水产养殖技术解决不了的养殖困境。不仅是水产养殖，我国目前的许多领域发展都离不开纳米科技。纳米科技是 21 世纪的领跑技术，不容小觑。纳米科技能在世界前沿科技中脱颖而出，主要因为它确实能改造、提升、替代传统产业，改变世界的面貌。

微生物是“生物催化剂”，纳米材料是“物理催化剂”，催化剂本身的结构、物理性质、化学性质、催化作用及催化过程都是很复杂的，但它的综合效应已进一步得到研究证实。纳米材料在水产养殖上的应用开发，能够以它的催化效应为主线，开发其二三次效应。下面介绍已知的几种效应。

## ◎ 维生效应——一元化纳米生物包内循环过滤净水设备

一元化纳米生物包内循环过滤净水设备集净化、碱化、离子化、活化等功能为一体，法国、加拿大、日本都有这类产品。第一级为功能泡沫，可滤去固态微粒污染物，并可更换清洗。第二级为功能生物陶粒(环)、陶片及纳米生物球，为净水微生物载体。它遇水后即释放量子能量和频率，瞬间产生大量 OH (羟基) 和 O (超氧基)，使水呈离子化和碱化，并释放有益微量元素，亦使水分子团变小，活性提高。第三级为活性炭，去除剩余色素、水溶性有机废物、残留物。

一元化纳米生物包内循环过滤净水设备

一元化纳米生物包内循环过滤净水设备，须在水中少量接种纳米微生物菌和放置纳米净水生态基，以其为载体，可有效降解鱼、虾、贝、蟹、海参的代谢产物及氨类、碳类、硫类等污染物，以达到改善水质，增加透明度，疏通滤料的功能。一般情况不需要杀菌灯，因为净水微生物的代谢产物就富有多种抗生素，能抑制有害菌生长。

## ◎能量效应——促生长繁殖

地球上生命的存在与繁衍，都与水的能量休戚相关，所以，水是生命之源。当水经过高能纳米生物陶环（粒）、陶片时，由于它有33种微量元素和矿物质，加之激活的能量波和电磁效应，可持续释放出8～15微米能量波、生物波，使其光、力、磁、热、电吸收及催化的能量可高于一般材料上千倍。

在磁共振的作用下，原来紊乱的大分子键产生断裂，水的极性重新组合，变成充满活力的小分子团水，成为高能电荷、高能量、高质量的活性水、健康水、营养水，对动植物的生长、繁衍都有促进作用。

经高能生物陶瓷处理后的水在农业种粮、种菜及畜牧业养鸡、养猪等方面使用都有明显效果。在水产养殖上，2006年我国在皮口盐业育苗厂利用纳米生物陶环（粒）、陶片繁育扇贝苗种的实验也看出了明显效果，扇贝苗种在实验中表现为需投喂饵料量不大，生长速度很快，且苗种大小整齐。

## ◎抗逆效应

由于纳米生物陶粒（环）、陶片具有广温、广盐、广PH、广硬度、广电导率、广ORP等特性，可提高水产动物抗逆境能力，使水生动物能够适应较广泛的环境。它可使海、淡水鱼在同一缸中混养，上海沪西工人文化馆就成功利用这一技术研发出了一套海、淡水鱼混养水族缸。

**由酸性变为碱性的过程称为碱化**

向反应体系加入碱性物质，使体系由酸性变为碱性的过程称为碱化。如向有机碱盐酸盐的酸性溶液中逐滴滴入氢氧化钠溶液，使溶液呈碱性，并析出游离的有机碱。

### ◎ 去 $NO_3$ 效应——促使短程硝化菌生长

每千克鱼、虾一天要向水体排出 1 ~ 2 克氨氮，水中分子态氨 $NH_3$ > 0.002ppm 鱼虾就会中毒。纳米环境友好填料是微生物催化剂，它可以促使人工向水中投放的和自然的硝化菌大量繁殖，使氨氮氧化成 $NO_2$ 后，不经过 $NO_3$ 而直接转化成 $N_3$ 释放到空气中，使水中不积累 $NO_3$。若水中积累过量 $NO_3$ 会导致水质变坏鱼虾死亡。

### ◎ 转换效应——纳米生物助长器（生物陶片）

纳米生物助长器（即纳米生物陶片）是一种全新概念的科技产品。它利用光热转换效应，通过提高水体能量，增强酶的活性，促进生物体的新陈代谢，提高其抗病、抗逆能力，增强生物体吸收养分与排毒功能，使其少生病，免用药。纳米净水器每月清洗一次后晒 1 ~ 2 小时，以吸收宇宙能量——太阳风，它具有双向性，遵循能量守恒，多了释放，少了吸收。2006 年我国在扇贝、海参育苗过程中，让沙滤罐出来的水经过纳米生物陶粒（环）处理，使之活化，并将纳米净水器在每池内挂两片，再配合使用微生物净水菌，效果极为显著。这次是我国育苗十几年来，最顺利、效益最高的一年。

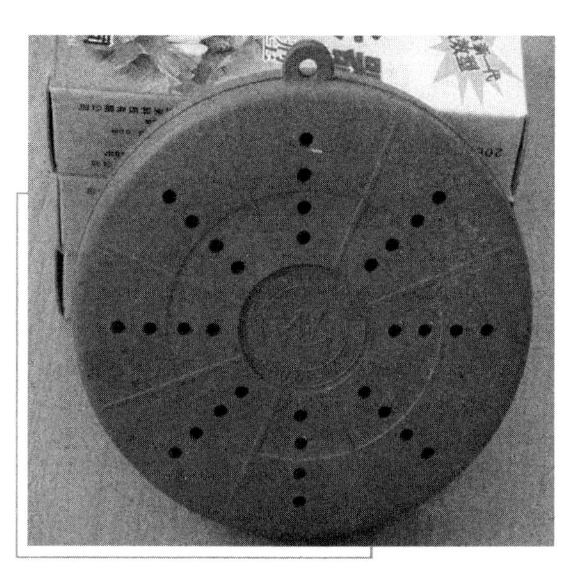

纳米生物助长器

## ◎ 兀水效应——纳米水处理装置

兀水是无极限地接近生命体的水。为了提高水的能量而开发的纳米水处理装置，采用兀化的纳米陶瓷制品作为其部件，由其中的二价和三价的铁离子（$Fe^{2+}$、$Fe^{3+}$）激发产生的高能量作用于普通水，使水分子的氢键断裂而变成极小的离散的水分子集团，并赋予其较高的能量，这就是兀水。

专业纳米水处理装置

兀水的生物学效应如下：

（1）维持正常发育。不依赖营养补给也能保持生物原来的状态。

（2）获得再生能力。遇到被伤害的细胞，可以恢复其再生能力。

（3）增大适应能力。使其对外界环境的变化适应能力增大。

（4）发挥自身能力。促进和引发出自然界物质自身原有能力。

（5）净化环境作用。可以改善恶性水质，改善贫瘠土壤。

（6）阻止病源细菌。各种病源菌在兀水环境中很难生存。

（7）阻止有害离子。使金属离子化，保持自体结构组成的安定。

### 拓展思考

**酶的重要性**

生物体由细胞构成，每个细胞由于酶的存在才表现出种种生命活动，体内的新陈代谢才能进行。酶是人体内新陈代谢的催化剂，只有酶存在，人体内才能进行各项生化反应。人体内酶越多，越完整，其生命就越健康。当人体内没有了活性酶，生命也就结束。人类的疾病，大多数均与酶缺乏或合成障碍有关。

（8）促进生物生长。具有高能效率和良好的提供生长机制。

（9）促进生物繁殖。促性腺发育，早熟、早产，有利人工繁殖。

（10）神奇记忆功能。当水接受了能量与振动频率后，就能长期记忆持续作用。

**过滤的原理**

利用物质的溶解性差异，将液体和不溶于液体的固体分离开来的一种方法。如用过滤法除去粗食盐中少量的泥沙。

兀水纳米处理装置在国外有三大类：

（1）纳米水过滤装置：它可加工海、淡水鱼混养的水，金鱼在不换水、不增氧、不投料情况下，可封闭存活216天。

（2）纳米净水石：系多孔隙陶块，内部人工接种微生物净水菌，即可长期不换水，保持水质清澈，用来治理污染和用于水产养殖，可使水变清，抑制藻类生长。在日本已投入市场。

（3）纳米生态基：用纳米功能材料编织，可在不接种微生物净水菌情况下，净化水质，降低氨氮、亚硝酸盐，用来治理污水和用于水产养殖。在美国、中国已投入市场。

## 纳米与我们的生活

近几年，纳米科技及其产品频繁出现在我们的日常生活中。现在我们知道，纳米是度量长度的单位，1纳米等于十亿分之一米。十亿分之一米是个什么概念？打个比方，将尺度为1纳米的东西放在乒乓球上，就好比将1个乒乓球放在地球上一样。我们说科技的主要功能是造福人类，改变现有生活，

而纳米科技正是能够完全应用于生活的科技。如今，这项高科技已经全面渗透到人们的衣、食、住、行中，成为时尚生活的代名词。

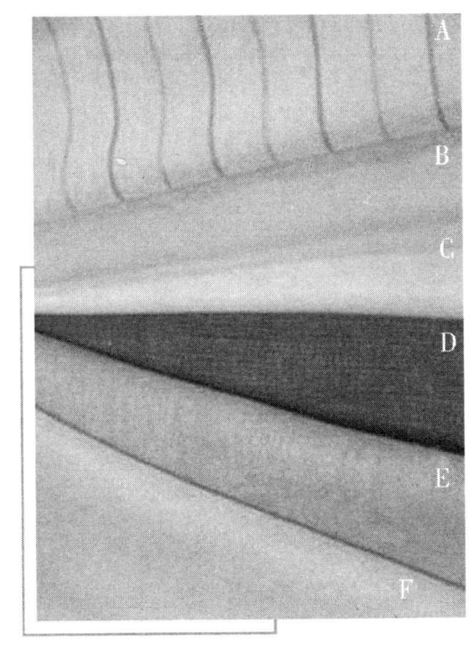


抗紫外线纳米面料

在炎炎夏日里，顶着火烤一般的太阳走在路上，你是不是希望有一件可以完全挡住太阳紫外线的衣服或遮阳伞？现在，这个愿望可以实现了——抗紫外线纳米面料已经在2003年问世。新开发的纳米复合聚酯面料在纤维的合成过程中加入了纳米级的无机粉体材料，解决了纳米粉体在应用过程中的“二次团聚”问题。该面料不仅抗紫外线能力强、效果持久，而且性能优良、外观光泽幽雅，是夏天服饰的理想面料。这就是纳米科技给我们的穿着带来的舒适与时尚。

> **趣味点击　乒乓球传入中国**
>
> 1904年12月，乒乓球运动从日本传入中国。开始是由上海一家文具商从日本购回一些乒乓球器材，并在店内表演，于是买乒乓球、打乒乓球的人逐渐增多，各大城市也先后推广了这项活动。当时的乒乓球拍是木拍，板面光滑，很难使球产生旋转，所以打法只有推挡和抽球两种。

你知道，我们每天所吃的食物也跟纳米科技息息相关吗？目前，部分冰箱生产企业已将纳米材料成功地添加至冰箱的门把手、门封条、内胆、瓶框、果菜盒等关键部件中，通过纳米材料在抑菌、耐磨、增韧、耐腐蚀、自洁、抗静电、抗紫外线等方面所具有的特殊功效，提高冰箱的性能。纳米科技在冰箱产品上的应用，使冰箱内食物的储存环境有了极大改善，增强了冰箱的抑菌保鲜功能，使食物保存得更久，更不易受细菌的侵害。

如何利用纳米科技提高建筑材料的健康环保性能？建材领域的专家对此进行了多年的研究与开发。2002 年，中科院纳米科技工程中心与“正中时代”研发的“诺蓝”纳米改性涂料问世，代表着纳米科技为涂料工业所带来的革命性变化。粒径在纳米或亚微米级的超细颜料、填料在涂料制造过程中具有非常实用的意义。经过纳米科技重新构筑的普通涂料，不仅具有传统涂料所没有的奇异化学特性，而且漆膜硬度高、弹性好，任何油渍、水、墨汁、灰尘等都不能存留于建筑物表面，具有良好的抑菌防霉和自清洁功能。以“诺蓝”纳米改性涂料为例，涂料本身不仅无毒无害，还能够捕捉、吸收、分解甲醛、氨气等有毒气体，性能远超于普通涂料。纳米改性涂料的另一个特点是不受气候条件的影响，很适合冬季施工。目前已逐渐形成产业化的纳米建材用品，有纳米材料改性建筑色浆、纳米材料改性建筑涂料、纳米材料改性防水密封胶粘带和中空玻璃密封胶条等。

喜爱汽车的人会发现，纳米技术与汽车关系也非常密切。它不仅用于汽车的制造，更为爱车、养车的人们提供了一种全新的选择。目前我国已经研制出一种用纳米科技制造的乳化剂，在以一定比例加入汽油后，可使桑塔纳一类轿车降低 10% 左右的耗油量。德国大众汽车公司与以色列的纳米材料公司已经决定在纳米材料的应用方面展开合作，他们表示，如果用纳米材料作为润滑剂，汽车就无需更换机油，其他部件也无需频繁替换。总之，这种利用了纳米材料的交通工具将比现在普遍使用的交通工具更加经久耐用。

了解了这些，你是不是觉得纳米科技的确提高了我们的生活品质？有关专家称，随着纳米功能材料与技术的不断发展，“无微不至”的纳米科技将渗入人们生活的方方面面。为了创造美好新生活，我们应该把握纳米科技的奇妙力量，让生活变得更加健康和舒适。

基础小知识

### 机　油

机油，即发动机润滑油，被誉为汽车的“血液”，能对发动机起到润滑、清洁、冷却、密封、减磨等作用。发动机是汽车的心脏，发动机内有许多相互摩擦运动的金属表面，这些部件运动速度快、环境差，工作温度可达400℃~600℃。在这样恶劣的工况下面，只有合格的润滑油才可降低发动机零件的磨损，延长使用寿命。

纳米技术看似神秘，其实，它已经离我们很近了。

在日常生活方面，有了防水防油的纳米材料做成的衣服，人们就不用洗衣服了，而且这种衣服穿着很舒服，不会像雨衣那样僵硬。用这种材料做成的红旗，即使下雨在室外也依然会高高飘扬。往各种塑料、金属、漆器甚至磨光的大理石、大楼的玻璃墙、电视机的荧光屏上涂上纳米涂料，都会具有防污、防尘的效果，而且耐刮、耐磨、防火。戴上涂有纳米涂料的眼镜，在寒冷的冬季，人们从室外进入室内，就能避免眼镜上蒙上一层水汽。用纳米材料制成的茶杯等餐饮具将不易摔碎。若将抗菌物质进行纳米处理，再加入到日用品的生产过程中就能制成抗菌的日常用品，如现在市场上已出现的抗菌内衣和抗菌茶杯等。把纳米技术应用到化妆品中，护肤、美容的效果就会更佳，如制成抗掉色的口红，以及防灼的高级化妆品等。

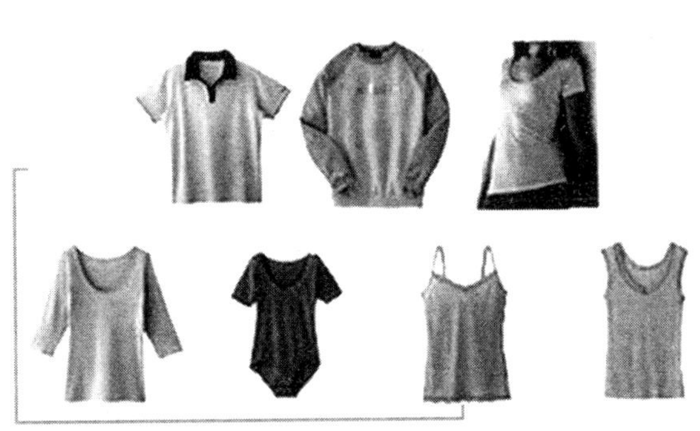

美观舒适的纳米服装

在医疗方面，纳米级粒子将使药物在人体内传输更加方便，用数层纳米粒子包裹的智能药物进入人体后可主动搜索并攻击癌细胞或修补损伤组织；在人工器官表面加入纳米粒子可预防移植后的排异反应；使用纳米技术的新型诊断仪器只需检测少量血液，就能通过其中的蛋白质和DNA诊断出各种疾病；有了通过血管进入人体的纳米级医疗机器人，将大大减轻病人手术的痛苦。

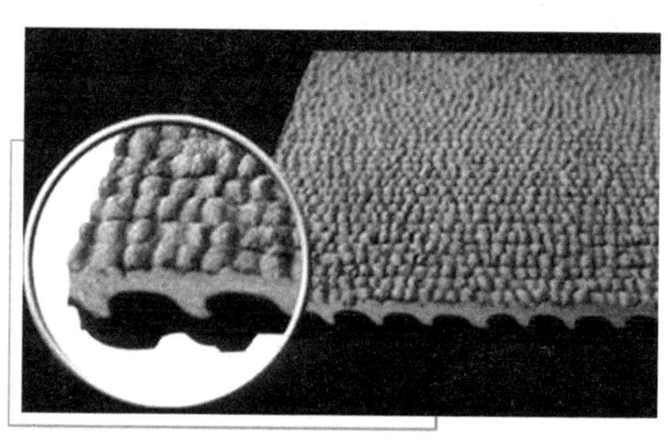

抗老化、耐光性好的彩色橡胶

在电子信息领域，纳米技术将更会大显身手。纳米技术会将超大规模集成电路的容量、速度提高1000倍而体积缩小1000倍。可以预见，计算机在普遍采用纳米材料后，处理信息的速度将更快、效率将更高，而且将成为真正的“掌上电脑”；二三十年后，纳米技术会让图书馆只有糖块大小；纳米技术将发展出个人随身办公室系统，我们就不必每天上下班，在家就可以处理工作事务了。

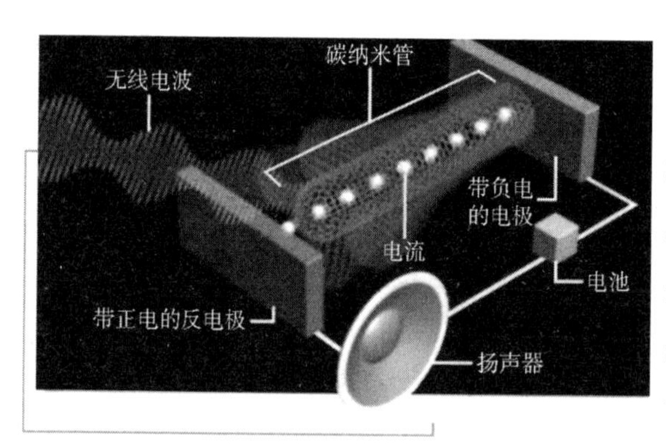


纳米管收音机

纳米技术在能源、交通、环保等方面也将大有作为。用纳米材料做成的电池，体积很小却可容纳极大的电量，届时汽车就可像目前的玩具汽车一样，以电池动力在大街上奔驰了。用纳米材料做成的轮胎，将更耐磨、防滑，可减少交通事故。用纳米材料制造出的小型飞机，将使飞机像汽车一样进入家庭，交通阻塞可能成为往事。在环境科

学领域将出现功能奇特的纳米膜，这种纳米膜能够探测到由化学和生物制剂造成的污染，并能过滤消除污染。

纳米技术将改变人们的衣、食、住、行、医疗、生产、娱乐等各个方面，电脑、网络、基因工程等当前的高科技领域也将因此面临变革，纳米科技带来的是人类社会的第四次产业革命。纳米时代的到来将使我们的生活和工作更加随心所欲。



## ◎家家都在“纳米”

在人们刚刚有了健康、绿色、环保家居观念不久的今天，纳米这一种新的概念就开始以迅雷不及掩耳之势，闯入人们的生活中。于是，我们身边出现了纳米冰箱、纳米洗衣机、纳米丝绸、纳米餐具以及纳米涂料、纳米瓷砖等纳米产品……紧接着，北京市场上又出现了一种“纳米空调”。

纳米科技是20世纪90年代初迅速发展起来的新的前沿科研领域。其最终目标是人类按照自己的意志直接操纵单个原子、分子，制造出具有特定功能的产品。

纳米科技，就是当今微观世界的“霸主”。

“你家纳米了吗?”这是什么事几乎都能先知先觉、赶在潮头浪尖之上的新新一族近一时期常挂在嘴边的这句话，让绝大部分人感到莫名其妙，不知道“纳米”是何方神圣。在北京国际周上，“纳米”与智能、宽带等字眼并肩排列，然而入场多人对“纳米”都是只闻其名却不知

### 丝绸的历史

在古代，丝绸就是蚕丝（以桑蚕丝为主，也包括少量的柞蚕丝和木薯蚕丝）织造的纺织品。现代由于纺织品原料的扩展，凡是经线采用了人造或天然长丝纤维织造的纺织品，都可以称为广义的丝绸。纯桑蚕丝所织造的丝绸，又特别称为“真丝绸”。

其实。

纳米科技以空前的分辨率为我们揭示了一个可见的原子、分子世界。这表明，人类正越来越向微观世界深入，人们认识、改造微观世界的水平提高到了前所未有的高度。有资料显示，纳米技术将成为仅次于芯片制造的第二大产业。

人们越来越关注室内环境污染。长期处于空调环境中工作、生活的人们不知不觉间可能染上头痛、胸闷、咳嗽、困乏等“空调病”。纳米技术应用于空气净化过滤的消息，给深受“空调病”困扰的人们带来了惊喜。国内首批将纳米技术应用于空调机生产的纳米稀土空调，就凭借其空气净化和水处理的国际技术背景，掀开了21世纪健康空调的篇章。纳米是怎样充当“清洁卫士”，成为空气的净化过滤材料呢?

据悉，这种特殊材料是由多种稀土金属、稀有金属以及多种氧化物通过高科技方法合成而得的，其中加入了特殊的纳米材料。在纳米材料与多种稀土金属、稀有金属联合作用下，便构成了对各种有机污染物有良好的去除效果的微孔活动中心。

经过中国预防医学科学院检测，这种合成稀土纳米材料对甲醛的去除率超过96%，对苯的去除率为89.8%，对氨的去除率为81.8%，对氮氧化物的去除率高达98%，对香烟烟雾的去除率为60.7%……总之，它能够把家庭建筑装修以后散发的各种有毒、有害、致癌有机污染物有效地去除。主要表现在无毒害、强力杀菌、可吸附异味、高附着强度等特点上。它的原理是：在不改变空气自然状态的大前提下，过滤空气中的有害物质，增加室内空气的含氧量。

如今，纳米技术被较多地运用于一些楼盘的内外墙粉刷，例如作为奥运样板工程的首都体育馆的改造工程。复旦大学成功研制的可以自我清洁的“纳米二氧化钛光催化玻璃”已经运用到医院手术室器材、汽车后视镜等方面。在国外，比如日本等地，也已将研发成功的纳米技术投入实际应用。最早开始研发户式中央空调的公司表示，下一步将研究室内的空气处理系统，不断地融合数字控制、纳米材料、光电效应、环保介质等现代高新技术，营造温度、湿度适宜，空气纯净新鲜的室内空间。

当更多的商家包括房地产商对“纳米”给予越来越多的关注，并将纳米作为一张强档绿色环保牌打给购房者时，人们也应该清醒地看到“纳米”的不成熟之处。首先，纳米产品在目前市场上可以说是参差不齐，有的商家趁着许多人还不太了解有关知识的空子，大肆吹嘘自己的产品是“纳米产品”。其次，并不是各种各样的家用电器或其他产品都适合采用纳米技术。最后，要提醒消费者注意的是，由于成本的加大，凡运用了纳米技术的产品都会比同类产品价格高一些。例如纳米空调比同品质普通空调大约贵 10% ~15%，消费者对此要有心理准备。



## 纳米科技带来的服装

所谓纳米技术，是指在纳米尺度上研究物质的特性和相互作用，以及利用这些特性开发新产品的一门多学科交叉的技术。根据这个定义，到目前为止，几乎所有的纳米服装、服饰的三防效果都是让某种纳米级的微粒覆盖在纤维表面或镶嵌在纤维分子间隙间，由于这种微粒十分微小（小于 100nm）且比表面积大、表面能高，在物质表面形成一个均匀的、厚度极薄的（用肉眼观察不到、手摸感觉不到）、间隙极

预防流感的纳米服

小（小于100nm）的“气雾状”保护层。正是由于这种保护层的存在，使得常温下尺寸远远大于100nm的水滴、油滴、尘埃、污渍甚至细菌都难以进入到布料内部而只能停留在布料表面，从而产生了三防等特殊效果。同时，由于形成保护层的纳米级微粒极其微小，几乎不会改变原布料的物性，如颜色、舒适度、透气性等。

## ◎可预防流感的纳米服装

最近，美国康奈尔大学的化学工程师胡安·希尼斯特罗扎和一位学设计的学生奥莉维亚·奥格共同研制出了一款漂亮时尚的可预防流感的纳米服。

### 知识小链接

**康奈尔大学**

康奈尔大学是一所位于美国纽约州伊萨卡的私立研究型大学，另有两所分校位于纽约市和卡塔尔教育城，是著名的常春藤盟校成员。康奈尔大学由埃兹拉·康奈尔和安德鲁·迪克森·怀特于1865年所建立，为八个常春藤盟校中唯一在美国独立战争后创办的学校。康奈尔大学男女同校，不分信仰和种族皆可入学。

这件衣服非常独特，表面涂有一层微小的纳米粒子。希尼斯特罗扎将它称作“个人空气净化系统”。这些粒子是金属物质，能分辨出特定病毒或细菌，然后将它们俘获。例如银离子就是一种天然抗菌物质。

这种粒子的尺寸仅为5～20纳米。我们知道，一纳米相当于十亿分之一米，因为这些粒子和织物具有相反的电荷，所以它们能附着在棉织物上。

希尼斯特罗扎通过创造大小合适并能反射出各种颜色的纳米粒子，在不

利用染料的情况下制作出各种颜色的衣服。可见光的光波平均为400纳米，这些粒子比光波还小，因此它们能反射出光谱中的部分光线，产生出符合粒子大小的特定波长的颜色。目前能利用这种方法产生的颜色是红色、蓝色和黄色。

光　谱

光谱是复色光经过色散系统（如棱镜、光栅）分光后，被色散开的单色光按波长（或频率）大小而依次排列的图案，全称为光学频谱。光谱中最大的一部分可见光谱是电磁波谱中人眼可见的一部分，在这个波长范围内的电磁辐射称作可见光。光谱并没有包含人类大脑视觉所能区别的所有颜色，譬如褐色和粉红色。

现在希尼斯特罗扎正在做进一步的研究，希望找出让粒子在织物上移动的方法，这样就可以重新整理它们，改变衣服的颜色。他说："假如你穿着一件蓝衬衫来到办公室，你晚上要参加一个派对，但是你不想再返回家中，这时你只需提供电场（起到移动粒子的作用），你的衬衫就能变成黑色，这样你就可以直接去派对集会地点了。"

## ◎纳米服装的特性

纳米服装其实就是依据仿生学原理，通过对纺织品、皮革中每根细小的纤维进行人工修饰，利用纳米界面材料的疏水、疏油的特性再加上液体本身的表面张力，使滴落下的水和油形成一个个小圆球并只能附着在织物表面，无法直接渗透进织物纤维里面。由于这些液体小球只能在织物表面滚动，所以它们同时能将原来落在织物表面的灰尘裹带起来，滑落到地上。因为织物的纤维之间依然保持原有的间隙，所以原有的透气性、柔软度等固有特征没有任何改变，人体的汗气依然可以顺畅排出。纳米服装能成功地解决防水与透气、即防水又防油这些原本相互矛盾的难题。

纳米服装还有独特的功效与性能。衣物变脏的原因很大程度上是因为水、

防风雨的纳米服装

油等液体携带着灰尘、污物渗透进织物的纤维里面，形成污斑、油斑。依据纳米仿生学原理，用纳米技术对纺织品、皮革进行人工处理，使其表面和纤维内部加上了一层肉眼无法看见的纳米层，使衣物具有了以下一些特殊性能：

（1）防水性能

具有十分优异的防水性能。落在织物上的水珠呈现超疏水的状态，很难渗透进去，轻轻抖动会自然滑落。水珠太小时会有一些挂在表面的纤维上，用纸巾轻轻吸去即可。对水珠进行物理按压仍可渗入织物纤维，以保证织物仍可正常洗涤。

（2）防油性能

具有十分优异的防油性能。油珠呈现超疏油的状态，很难渗透进去。会有少量油粘附在表面纤维上，用纸巾可以清除。

（3）防污性能

对果汁、可乐、牛奶、咖啡、茶水、酱油都具有十分优异的防渗透性能。污染液体呈现超疏的状态，或用纸巾吸去即可。对于黏性很强，并且以物理挤压、摩擦方式沾染的污物无效，

### 咖啡因中毒

有特别强烈的苦味，刺激中枢神经系统、心脏和呼吸系统。适量的咖啡因亦可减轻肌肉疲劳，促进消化液分泌。由于它会促进肾脏机能，有利尿作用，帮助体内将多余的钠离子排出体外。但摄取过多会导致咖啡因中毒。

例如衣服上沾染很多肮脏机油，需要用毛巾反复擦拭。

（4）防静电性能

秋、冬天比较干燥、灰尘也比较多，干燥的天气会使人体产生静电，静电会吸附灰尘。衣服经纳米技术处理过后，能有效减少这种问题的出现。

（5）防掉色性能

处理过的衣服其色泽被纳米层包裹在每根纤维中，防止了衣服洗涤时大面积掉色或时间长了褪色的现象。

（6）衣物安全性

完全不改变织物的色泽、透气性、柔软度等原本的固有特征。对衣物没有任何腐蚀性，可防止织物发生褪色或变硬板结。对于布艺沙发、汽车内饰、地毯等难以洗涤的物品，经过处理后可以保持长久清洁，起到事半功倍的效果。

（7）防止霉菌

由于经过处理后，纤维表面被包裹上一层纳米层，且织物内部无法蓄水，这也就彻底杜绝了霉菌的骚扰，让霉菌无法立足。

基础小知识

**霉菌**

霉菌：是丝状真菌的俗称，意即"发霉的真菌"，它们往往能形成分枝繁茂的菌丝体，但又不像蘑菇那样产生大型的子实体。在潮湿温暖的地方，很多物品上长出一些肉眼可见的绒毛状、絮状或蛛网状的菌落，那就是霉菌。

（8）容易清洁

布艺沙发经过处理后，平时只须进行日常吸尘作业，并用纸巾及时吸掉溅落在布面上的液体即可。

（9）洗涤性能

经过处理的衣物，可以和正常衣物一样水洗或干洗，洗后依然保持神奇特性。平均洗涤25～30次依然保持特性，但过高强度的洗涤会减少衣物的疏水特性的有效时间。

（10）无副作用

应用纳米技术处理后不含有毒物质，还可以防止皮肤敏感。

纳米技术目前适用于尼丝纺、尼龙塔丝隆、塔丝隆牛津、涤纶塔丝隆、尼龙亮光布、尼龙格子布、涤纶格子布、涤塔夫、春亚纺、桃皮绒、涤纶牛津布、尼龙牛津布、超细唛克布、锦涤纺、麂皮绒、色丁布、网眼布、锦棉布、TR和RT等系列产品制成的普通成衣、夹克衫、休闲装、羽绒服、运动装、婚礼服、特殊服装（军服、警服、交通制服、特殊行业工作服）、睡衣、雨衣、遮阳伞、雨伞、帐篷、睡袋、车套、背包、挎包、床罩、被套、桌椅套、鞋帽、手套、窗帘、桌布。表面上过蜡、油、漆的皮革制品不适用。

## 纳米空调——甲醛克星

甲醛又名蚁醛，常温下为无色有辛辣刺激气味的气体，是用来制造装饰板材胶黏剂的主要原料。医学研究证明，甲醛能严重侵害人体细胞，并且能致畸、突变和癌变。

**甲醛是没有颜色的**

甲醛是一种无色，有强烈刺激型气味的气体。易溶于水、醇和醚。甲醛在常温下是气态，通常以水溶液形式出现。易溶于水和乙醇，35%～40%的甲醛水溶液叫作福尔马林。

众所周知，进入刚装修的房子，会闻到一股刺鼻难闻的气味。这是因为室内装修材料和家

具板材释放甲醛的缘故，并且这类甲醛的释放非常缓慢，能达到3~15年。

随着消费者自我保护意识的提升，人们已逐渐认识到甲醛对人体的危害，并为解决这一问题做出了大量的努力。据了解，上海一家公司在国内率先生产的纳米空调，就是针对甲醛污染而开发研制的新一代绿色健康空调。

该纳米空调相对其他品牌的空调而言，最大的特点就是利用了纳米稀土技术。它的净化空气装置由合成稀土纳米材料制造，而该材料由纳米材料与多种稀土金属、稀有金属和氧化物合成而得。由于纳米材料与其余金属的联合作用，构成带有特殊化学配位结构的微孔活动中心，对各种有机污染物有广泛的去除效果。因此，这种空调对甲醛有独特的去除效果。

根据中国预防医学科学院的证明，纳米稀土材料对甲醛的去除率大于96%，是目前清除室内甲醛污染的最有效途径。因此，纳米空调的问世，为室内空气环境提供了有力的保障，有效防止室内甲醛对人体的危害。

## 奇妙的纳米水

液体纳米技术是通过世界发明专利的技术。在液体中形成的纳米级微泡成为液体中的成分，由此造成液体成为“纳米态”——物质存在(固态、液态、气态）之外的物质形态，被科学界认为是纳米态，简而言之就是使液体成为具备新功能纳米态的技术。把液态物质制造成为纳米态的过程叫纳米化。

液体纳米墙壁的开发

水是世界上应用到各个领域的最广泛的物质，因此我们把液

体纳米技术主要应用于水中，纳米化后的水成为纳米态水（当然奶类、油类等其他液体同样可以被纳米化，成为此物质第四态——纳米态）。

### ◎ 纳米水的功能表现

（1）富含氧，也就是水中溶解了比普通水高至少 10% 以上的氧气。

（2）纳米泡自身具备负电、负压、微爆性。负电吸引吸附阳性微生物、毒素、污垢，负压到一定程度则微爆，微爆对于吸附着的微生物、污垢、毒素等具有破坏性，能杀死微生物、毒素，除去污垢。

（3）纳米泡可自由穿梭于任何物质分子之间，特别是人体各组织之间，所以成为快速给送氧气和附带的有用物质，纳米化后的营养成分和药用成分的功效有效性和快速性将提高很多。

上述的技术和功效造应用于以下八方面将会引起绿色风暴：食品饮料、保健品、水按摩美容洗浴、液体口服药业、医院洗涤消毒、农业绿色种植与养殖、污水与江河生态治理、水和油混合燃烧。

**趣味点击　保健食品与一般食品的区别**

保健食品含有一定量的功效成分，能调节人体的机能，具有特定的功效，适用于特定人群。一般食品不具备特定功能，无特定的人群食用范围。保健食品不能直接用于治疗疾病，它是人体机理调节剂、营养补充剂。而药品是直接用于治疗疾病。

# 纳米在医学中的应用



纳米医学是随着纳米生物医药发展起来，用纳米技术解决医学问题的学科。合成生物学的发展，开发细胞机器人或细胞生物计算机等技术，将带来一场新的纳米技术革命。纳米技术和材料的发展将给医学领域带来一场深刻的革命，主要在对付癌症和治疗心血管疾病方面有重要意义。应用纳米技术可将微型的诊断仪器植入人体内，可随血液在体内运行，实时将体内信息传送到于体外记录置；使治疗更有效；将常规治疗药物纳米化，可提高药效、减少用量、降低副作用，这对于恶性肿瘤的治疗，有重要作用；成为防病新武器；运用纳米技术在血流中进行巡航探测，可及时发现病毒、细菌的入侵，并予以歼灭，从而消除传染病。

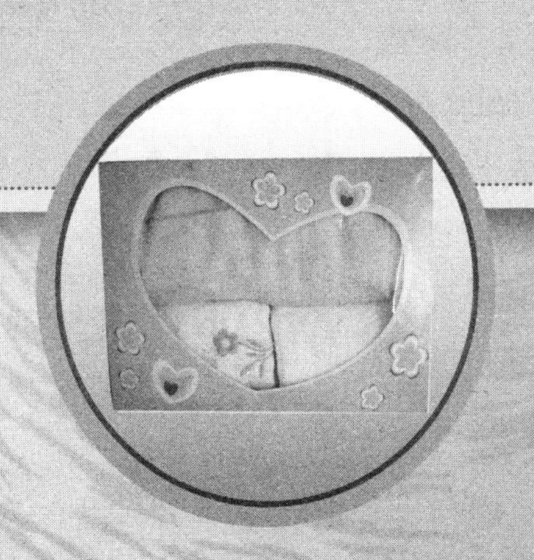

下面图片上的画面像什么？那一节节的是项链吗？那一圈圈的是毛线吗？那一条条的是蚕丝吗？哦，不！它们是果蝇的染色体和 DNA 长链。让它们展现如此绚丽多姿一面的是一架能把物体放大 1 亿倍的纳米显微镜。

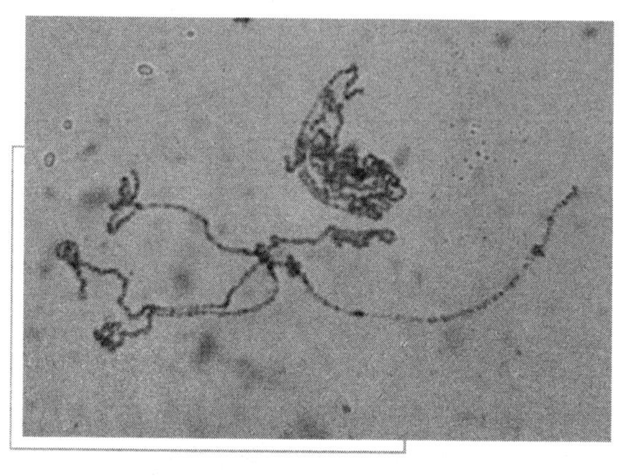

果蝇的染色体和 DNA 长链

中科院上海原子核研究所运用纳米技术研究生命科学，日前已取得重大进展：观察到了直径 2nm 的 DNA 长链的精细结构，并让它顺从人意书写出“中”及“DNA”的字样。

当研究员把一滴含有果蝇 DNA 的溶液滴在云母片上，置入纳米显微镜下，与显微镜相连的电脑屏幕上即显示出果蝇染色体的盘旋形状，一节节明暗相间的基因清晰可辨；有的地方密密麻麻，有的地方却蓬松稀疏。

据介绍，蓬松处是为基因拷贝、复制等表达预留空间。从染色体中剥离出的 DNA 长链如刚拆的旧毛线，卷曲一团。它长达 1 米，平时是紧紧缠结裹在细胞核里的，现被科技人员运用分子梳技术梳理拉直，似春蚕吐丝，缕缕不绝。

纳米世界展现物质的分子和

## 拓展阅读

### 血红细胞

红细胞也称红血球，在常规化验英文常缩写成 RBC，是血液中数量最多的一种血细胞，同时也是脊椎动物体内通过血液运送氧气的最主要的媒介，同时还具有免疫功能。成熟的红细胞是无核的，这意味着它们失去了 DNA。红细胞也没有线粒体，它们通过葡萄糖合成能量。

原子结构图，同我们日常所见的大相迥异。盐粒的结晶上有大大小小的圆圈，像梯田。云母是最平整的材料，起伏度不到 1 个原子，每个原子间距只有半个纳米，放大 1 亿倍后，整齐规则排列的原子竟像一排排竖立的鸡蛋。7 微米大的血红细胞如面包圈；1 微米大的质粒 DNA 呈环形，上面点缀的白色“钻石”便是蛋白质；200 纳米大的蛋白质如朵朵星云……纳米显微镜下，每个物体的纳米世界是那般美丽和神秘。

我们明白，一纳米只有十亿分之一米，是发丝的十万分之一。要观察如此微小的世界，只能靠纳米显微镜。纳米显微镜分原子力和隧道电流两种，原子力显微镜作用于非导电样品，隧道电流显微镜适合导电样品。原子力显微镜样品检验部位有条细如发丝的红色激光，那便是纳米探针。它同样品之间始终保持在 1 纳米的距离，逐行扫描，通过原子间的相互作用力，在计算机上绘出物质的三维结构图。

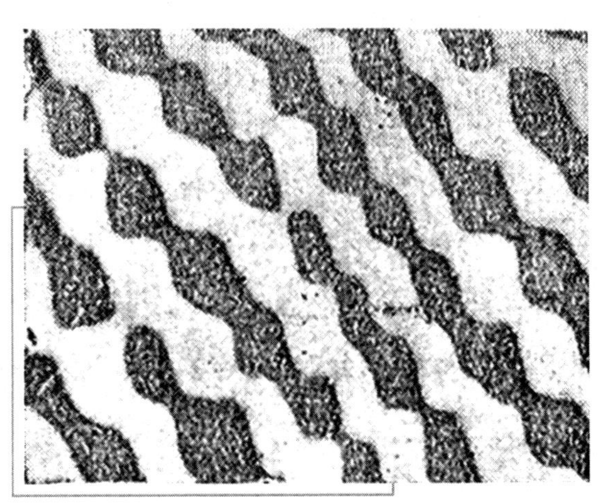

**云母放大后的效果**

研究生命科学的纳米世界有何意义？生命经过几十亿年的进化，生物细胞中贮藏了许多非常精巧、效率非常高的“纳米机器”，对人类设计纳米产品具有重要的借鉴作用。如人体内的核糖体，不仅能自己组装，还能组装人体内所有种类的蛋白质，并具有自己监控自己管理的功能。成功地将单个 DNA 分子链按照人类的意志进行组装排列，无疑是迈出了对生命自组装功能研究的第一步。

## 什么是纳米医学

我们知道，人体是由多种器官组成的，如大脑、心脏、肝、脾、胃、肠、肺、骨骼、肌肉和皮肤；器官又是由各种细胞组成的，细胞是器官的组织单元，细胞的组合作用才显示出器官的功能。那么细胞又是由什么组成的呢？按现在的认识，细胞的主要成分是各种各样的蛋白质、核酸、脂类和其他生物分子，以上全部可以统称生物分子，它的种类在数十万种。生物分子是构成人体的基本成分，它们各自具有独特的生物活性，正是它们不同的生物活性决定了它们在人体内的分工和作用。由于人体是由分子构成的，所有的疾病包括衰老本身也可归因于人体内分子的变化。当人体的分子机器，如合成蛋白质的核糖体、DNA复制所需的酶等，出现故障或工作失常时，就会导致细胞死亡或异常。从分子的微观角度来看，目前的医疗技术尚无法达到分子修复的水平。纳米医学则是在分子水平上，利用分子工具诊断、医疗、预防疾病、防止外伤、止痛、保健和改善健康状况的科学技术，广义上这些都属于纳米医学的范畴。换句话讲，人们将从分子水平上认识自己，创造并利

**拓展阅读**

### 蛋白质的代谢吸收

蛋白质在胃液消化酶的作用下，初步水解，在小肠中完成整个消化吸收过程。氨基酸的吸收通过小肠黏膜细胞，是由主动运转系统进行，分别转运中性、酸性和碱性氨基酸。在肠内被消化吸收的蛋白质，不仅来自食物，也有肠黏膜细胞脱落和消化液的分泌等，每天有70g左右蛋白质进入消化系统，其中大部分被消化和重吸收。未被吸收的蛋白质由粪便排出体外。

用纳米装置和纳米结构来防病治病，改善人类的整个生命系统。为达到这一目标我们首先需要认识生命的分子基础，然后从科学认识发展到工程技术，设计制造大量具有令人难以置信的奇特功效的纳米装置，这些微小的纳米装置的几何尺度仅有头发丝的千分之一左右，是由一个个分子装配起来的，能够发挥类似于组织和器官的功能，并且更准确和更有效地发挥作用。它们可以在人体的各处畅游，甚至出入细胞，在人体的微观世界里完成特殊使命。例如：修复畸变的基因、扼杀刚刚萌芽的癌细胞、捕捉侵入人体的细菌和病毒，并在它们致病前就消灭它们；探测机体内化学或生物化学成分的变化，适时地释放药物和人体所需的微量物质，及时改善人的健康状况。最终实现纳米医学，使人类拥有持续的健康。未来的纳米医学将是强大的，它又会是小得惊人，因为在其中所发挥作用的药物和医疗装置都是肉眼所无法看到的，但是它的功能会令世人惊叹。



### 知识小链接

#### 畸变

指畸形地、严重不正常地变化。既可以指外在的，如形态上的变化；又可以指内在的，如心理上的变化。在生物学上也会应用到该词，指外在形态不正常地变化。

需要说明，不要马上跑到大夫那儿去要纳米处方。上面所谈的纳米医学景观尚处于设计和萌芽阶段，还有很多的未知之处需要探索，例如：这些纳米装置该由什么制成？它们是否可以被人体接受并发挥所预期的作用？科学家们正在全力以赴地把纳米医学的科学想法变成医学现实。终有一天，医药柜越小，效力越大。

一定有人会问：纳米医学是不是科学幻想？它离我们到底有多远？还要等多久才能看到医学实现？事实上，它已经开始步入现实，并获得了蓬勃的发展发展机会。下面让我们看一看这一领域所取得的科学进展。

1. 智能药物

这是纳米医学中的一个非常活跃的领域，适时准确地释放药物是它的基本功能之一。科学家正在为糖尿病人研制超小型的，模仿健康人体内的葡萄糖检测系统。它能够被植入皮下，监测血糖水平，在必要的时候释放出胰岛素，使病人体内的血糖和胰岛素含量总是处于正常状态。最近，美国麻省理工学院的研究者做出了微型药房的雏形：一种具有上千个小药库的微型芯片，每一个小药库里可以容纳25纳升的药物，例如止痛剂或抗生素等。它的研究者之一罗伯特·兰格说，目前这个芯片的尺寸还相当于一个小硬币，可以把它做得更小，并计划装上一个“智能化”的传感器，使它可以适时和适量地释放药物。能否在形成致命的肿瘤之前，早期杀灭癌细胞？美国密西根大学的詹姆斯·R. 贝克博士正在设计一种纳米“智能炸弹”，它可以识别出癌细胞的化学特征。这种“智能炸弹”很小，仅有20纳米左右，能够进入并摧毁单个的癌细胞。此装置的研制刚刚开始，而初步的人体实验阶段至少要五年以后才能进行。

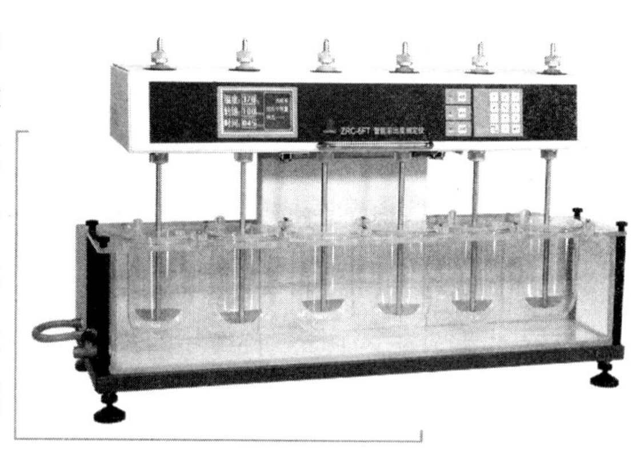

智能药物溶出仪

2. 人工红血球

纳米医学不仅具有消除体内坏因素的功能，而且还有增强人体细胞机能的能力。我们知道，脑细胞缺氧6～10分钟即出现坏死，内脏器官缺氧后也会呈现衰竭。设想一种装备超小型纳米泵的人造红血球，携氧量是天然红血球的200倍以上。当人的心脏因意外，突然停止跳动的时候，医生可以马上将大量的人造红血球注入人体，随即提供生命赖以生存的氧，以维持整个肌

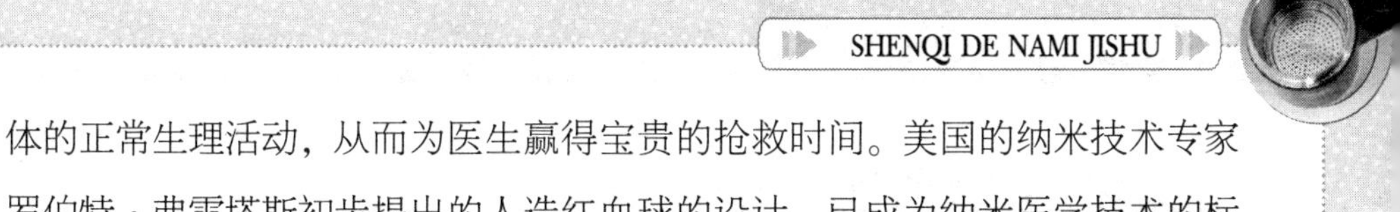

体的正常生理活动，从而为医生赢得宝贵的抢救时间。美国的纳米技术专家罗伯特·弗雷塔斯初步提出的人造红血球的设计，已成为纳米医学技术的标志性理论。这个血球是个一微米大小的金刚石的氧气容器，内部有1000个大气压，泵浦动力来自血清葡萄糖。它输送氧的能力是同等体积天然红细胞的236倍，并维持生物活性。它可以应用于贫血症的局部治疗、人工呼吸、肺功能丧失和体育运动需要的额外耗氧等。它的基本设计和结构功能，以及与生物体的相容性等已有专著详细论述。

基础小知识

**脑细胞**

脑细胞是构成脑的多种细胞的通称。脑细胞主要包括神经元和神经胶质细胞。

3. 纳米药物输运

纳米微粒药物输送技术也是重要发展方向之一。按目前的认识，有半数以上的新药存在难以溶解和吸收的问题。而当药物颗粒缩小时，药物与胃肠道液体的有效接触面积将增加，因此药物的溶解速率会随药物颗粒尺度的缩小而提高。药物的吸收又受其溶解率的限制，因此，缩小药物的颗粒尺度成为提高药物利用率的可行方法。

纳米晶体技术可将药物颗粒转变成稳定的纳米粒子，同时提高溶解性，以提高人体对难溶性药物的吸收效率。粉碎过程会使粒子间的相互作用力增加，为了避免纳米颗粒在粉碎过程中聚合，加工中，不溶的药物是被悬浮在一般认为安全的稳定剂和赋形剂的悬浮液中。深入研究的制粉技术已经能够将药物颗粒缩小到400纳米以下。

同时，这些赋形剂在胃肠道中起表面活性剂的作用，也提高了纳米药物

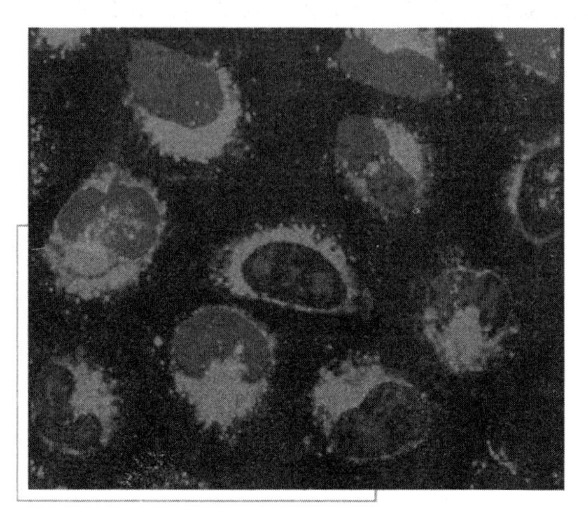
纳米药物输送“远程火箭”

颗粒的溶解率。一旦不溶性药物转变成稳定的纳米颗粒，就适合于口服或者注射了。

纳米医学将给医学界，诸如癌症、糖尿病和老年性痴呆等疾病的治疗带来变革，并已经获得越来越多专家的认同。利用纳米技术能够把新型基因材料输送到已经存在的DNA里，而且不会引起任何免疫反应。树形聚合物就是提供此类输送的良好候选材料。因为它是非生物材料，不会诱发病人的免疫反应，没有形成排异反应的危险，所以，它可以作为药物的纳米载体，携带药物分子进入人体的血液循环，使药物在无免疫排斥的条件下，发挥治病的效果。这种技术用于糖尿病和癌症治疗是很有发展前景的。

4. 捕获病毒的纳米陷阱

密歇根大学的唐纳德·托马利亚等已经用树形聚合物合成了能够捕获病毒的纳米陷阱。体外实验表明纳米陷阱能够在流感病毒感染细胞之前就捕获

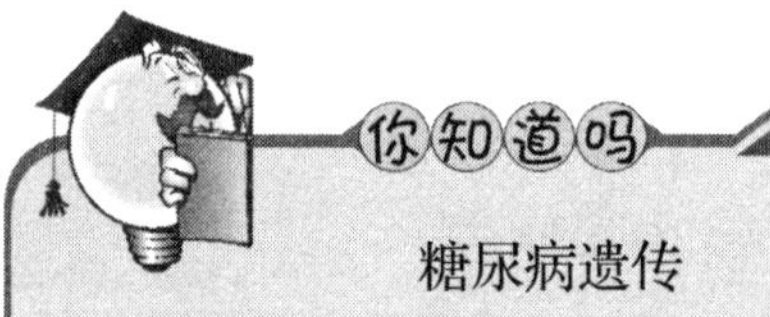


糖尿病遗传

糖尿病是由遗传因素、免疫功能紊乱、微生物感染及其毒素、自由基毒素、精神因素等等各种致病因子作用于肌体，导致胰岛功能减退、胰岛素抵抗等而引发的糖、蛋白质、脂肪、水和电解质等一系列代谢紊乱综合征，临床上以高血糖为主要特点，典型病例可出现多尿、多饮、多食、消瘦等表现，即“三多一少”症状，糖尿病（血糖）一旦控制不好会引发并发症，导致肾、眼、足等部位的衰竭病变，且无法治愈。

它们，同样的方法可望用于捕获类似艾滋病病毒等更复杂的病毒。这种纳米陷阱使用的是超小分子，此分子能够在病毒进入细胞致病前即与病毒结合，使病毒丧失致病的能力。通俗地讲，人体细胞表面装备着含硅铝酸成分的“锁”，只准许持“钥匙”者进入。不幸的是，病毒竟然有硅铝酸受体“钥匙”。托马利亚的方法是把能够与病毒结合的硅铝酸位点覆盖在陷阱细胞表面。病毒结合到陷阱细胞表面时，就无法再感染人体细胞了。陷阱细胞由外壳、内腔和核三部分组成。内腔可充填药物分子，将来有可能装上化疗药物，直接送到肿瘤上。陷阱细胞能够繁殖，生成不同的后代，个子较大的后代可能携带更多的药物。尽管原因尚不明确，所观察的特点是陷阱细胞越大效果越好。研究者希望研发针对各种致病病毒的特殊陷阱细胞和用于医疗的陷阱细胞库。

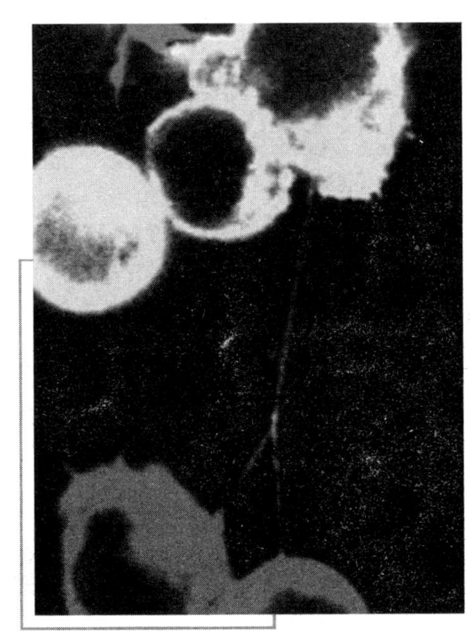

**捕获病毒的纳米陷阱有助于艾滋病的攻克**

5. 识别血液异常的生物芯片

美国圣地亚国家实验室的发现实现了纳米爱好者的预言。正像所预想的那样，纳米技术可以在血流中进行巡航探测，及时地发现诸如病毒和细菌类型的外来入侵者，并予以歼灭，从而消除传染性疾病。

米歇尔·威兹做了一个雏形装置，发挥芯片实验室的功能。它可以沿血流流动，并跟踪镰状细胞血症细胞和感染了艾滋病的细胞。血液细胞被导入一个发射激光的腔体表面，从而改变激光的形成。癌细胞会产生一种明亮的闪光，而健康细胞只发射一种标准波长的光，以此鉴别癌变细胞的具体分布位置。

## 知识小链接

### 艾滋病

艾滋病，即获得性免疫缺陷综合征，是人类因为感染人类免疫缺陷病毒后导致免疫缺陷，并发一系列机会性感染及肿瘤，严重者可导致死亡的综合征。目前，艾滋病已成为严重威胁世界人民健康的公共卫生问题。1983 年，人类首次发现 HIV。目前，艾滋病已经从一种致死性疾病变为一种可控的慢性病。

## 医学的前沿——纳米生物技术

### ◎ 纳米生物技术现状与展望

纳米生物技术是国际生物技术领域的前沿和热点问题，纳米技术在医药卫生领域有着广泛的应用和明确的产业化前景，特别是纳米药物载体、纳米生物传感器和成像技术以及微型智能化医疗器械等，将在疾病的诊断、治疗和卫生保健方面发挥重要作用。

目前，国际上纳米生物技术在医药领域的研究已取得一定的进展。美国、日本、德国等国家均已将纳米生物技术作为 21 世纪的科研优先项目予以重点发展。

美国的优先研究领域包括：生物材料（材料—组织介面、生物相容性材料）、仪器（生物传感器、研究工具）、治疗（药物和基因载体）等。

日本政府在国家实验室、大学和公司设立了大量的纳米技术研究机构，并且在这些机构中间培养了一流的合作途径，其科学研究的质量和水平相当

高，生物技术亦是其优先研究领域。

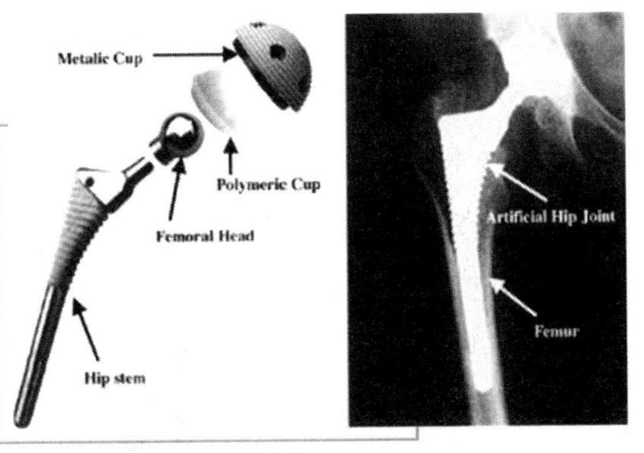


生物材料的示意图

德国于2001年启动新一轮纳米生物技术研究计划，在6年内投入5000万欧元。第一批21个项目的参与资金为2000万欧元，计划的主要重点是研制出用于诊疗的摧毁肿瘤细胞的纳米导弹和可存储数据的微型存储器，利用该技术进一步开发出微型生物传感器，用于诊断受感染的人体血液中抗体的形成，治疗癌症和各种心血管病。



英国政府亦在1988年正式启动纳米计划，新加坡于1995年启动国家纳米计划，澳大利亚、韩国、俄罗斯亦先后启动了国家纳米发展计划。

我国纳米生物技术的发展与先进国家相比，起步较晚，但“九五”期间“863计划”启动了国家纳米振兴计划，“十五”期间“863计划”将纳米生物技术列为专题项目予以优先支持发展。

当前纳米生物技术研究领域主要集中在以下几个方向：纳米生物材料、纳米生物器件研究和纳米生物技术在临床诊疗中的应用。

纳米生物学主要包含两个方面：（1）利用新兴的纳米技术来研究和解决生物学问题。(2）利用生物大分子制造分子器件，模仿和制造类似生物大分子的分子机器。纳米科技的最终目的是制造分子机器，而分子机器的启发来源于生物体系中存在的大量的生物大分子，它们被费曼等人看作是自然界的分子机器。从这个意义上说，纳米生物学应该是纳米科技的一个核心领域。利用DNA和某些特殊的蛋白质的特殊性质，有可能制造出分子器件。目前研究的热点在分子马达、硅—神经细胞体系和DNA相关的纳米体系与器件。利用纳米技术，人们已经可以操纵单个的生物大分子。操纵生物大分子，被认为是有可能引发第二次生物学革命的重要技术之一。

纳米生物导弹：歼灭癌细胞纳米技术不仅在材料学、机械学等领域产生巨大作用，超细纳米技术还将在医药领域发挥重要作用。据上海市超细技术应用中心介绍，超细纳米技术将在我国的医药领域开辟几块全新阵地。首先是对付癌症的“纳米生物导弹”，这一专门针对癌症的超细纳米药物，能将抗肿瘤药物连接在磁性超微粒子上，定向“射”向癌细胞，并把它们“全歼”。其次是治疗心血管疾病的“纳米机器人”，用特制超细纳米材料制成的机器人，能进入人的血管和心脏中，完成医生不能完成的血管修补等“细活”，这些机器人能耐大，但体积微小，甚至连肉眼都看不到它们，对人体健康不会产生影响。运用纳米技术，还能对传统的名贵中草药进行超细开发，同样一剂药，经过纳米技术处理后，将大大地提高药物的疗效。

天津防美国白蛾用的纳米生物导弹

纳米技术诊断早期肝癌：纳米技术用于早期诊断，可以发现直径 3mm 以下的肝肿瘤，这对肝癌的早期诊断、早期治疗有着十分重要的意义。中国医科大学第二临床学院放射线科专家陈丽英教授与一些科研院所合作，把纳米级微颗粒应用于医学研究，经过四年的努力，已完成了超顺磁性氧化铁超微颗粒脂质体的研究课题，从

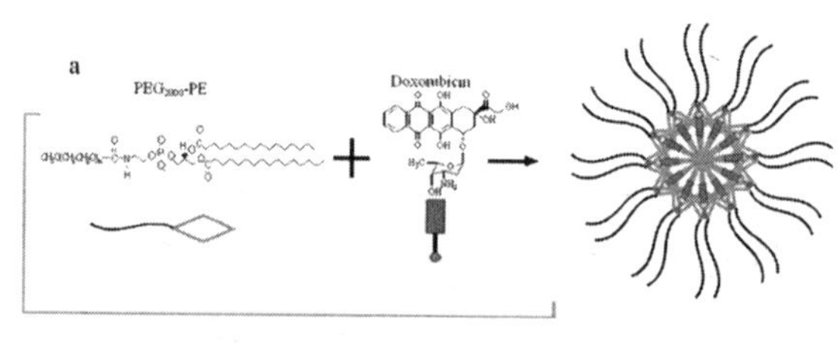

抗肿瘤化学纳米药物载体研究示意图

而开创了纳米技术在肝癌诊断方面的应用。1996 年，由陈丽英牵头进行的超顺磁性氧化铁超微颗粒研究，采用了中科院金属研究所的纳米技术。通过动物实验证明，运用这项研究成果可以发现直径 3mm 以下的肝肿瘤。据专家介绍，国外早在 20 世纪 80 年代末开始着手研究超顺磁性氧化铁超微颗粒的研究，20 世纪 90 年代已经把这种造影剂应用于临床，但这种造影剂工艺复杂价格昂贵，在中国还难以广泛应用。而陈丽英教授的这项新成果不仅成本低，而且操作简便。如应用于临床，将使肝肿瘤的早期诊断变得容易，人们在每年一度的正常体检时便可进行这种检查。

基础小知识

### 肝 癌

肝癌是指发生于肝脏的恶性肿瘤，包括原发性肝癌和转移性肝癌两种，人们日常说的肝癌指的多是原发性肝癌。原发性肝癌是临床上最常见的恶性肿瘤之一，根据最新统计，全世界每年新发肝癌患者约 60 万，居恶性肿瘤的第五位。原发性肝癌按细胞分型可分为肝细胞型肝癌、胆管细胞型肝癌及混合型肝癌。

前途无量的纳米药物：经过多年潜心研究，我国科学家不仅利用纳米技术研制出新一代抗菌药物，而且实现了产业化。这标志着我国纳米材料在医药领域的应用达到世界先进水平。这种直径只有 25 纳米的棕色纳米抗菌颗粒，经中国科学院微生物研究所、中国医学科学院、中国预防医学科学院等权威机构检测证明，对大肠杆菌、金黄色葡萄球菌等致病微生物均有强烈的抑制和杀灭作用，同时还具有广谱、亲水、环保等多种性能。由于纳米抗菌药物采用纯天然矿物质研制而成，所以使用时也不会使细菌产生耐药性。

另外，纳米抗菌药物经中国军事医学科学院的临床应用表明，即使用量达到临床使用剂量的四千多倍，受试动物也无中毒表现。以这种抗菌颗粒为

原料药，科学家成功地开发出创伤贴、溃疡贴等纳米医药类产品，并已投入批量生产。纳米技术将在医学领域发挥更大作用。

## 纳米技术医学应用

20 世纪以来，随着抗菌素、X 光透视、超声波检查等技术问世，现代生物医学技术极大地增进了人类的健康。纳米技术是一项新兴的革命性技术，已经应用于电子、化工、通信、环保等领域。在医药领域，包括我国在内的科学家正将纳米技术应用于靶向药物、纳米机器人、纳米生物芯片等。

由于纳米微粒一般比生物体内的细胞（红血球）小得多，所以纳米微粒在医疗临床诊断上有着广阔的应用前景。例如：为判断胎儿是否具有遗传缺陷，过去常采用价格昂贵并对人体有害的羊水诊断技术。而如今应用纳米技术就可以简单安全地达到诊断目的。妇女怀孕 8 个星期左右，在血液中开始出现非常少量的胎儿细胞，用纳米技术可以很容易将这些胎儿细胞分离出来进行诊断。目前，美国已将此项技术应用于临床诊断。

在生物医学控制基因消灭遗传病方面，纳米科技更是潜力巨大。它甚至将超过信息技术和基因组工程，成为 21 世纪决定性的技术。人类控制基因的预想的实现必须以纳米技术作为支撑和依赖，纳米技术可

### 拓展思考

**抗菌素**

抗菌素是一种杀灭或抑制细菌生长的药物。天然抗菌素是微生物的代谢产物，其中有一些是肽。抗菌素是细菌、真菌等微生物在生长过程中为了生存竞争需要而产生的化学物质，这种物质可保证其自身生存，同时还可杀灭或抑制其他细菌。抗菌素广泛应用于兽医临床，在控制与治疗畜禽感染、细菌性传染病方面起到了卓有成效的作用。

以重新排列遗传密码。人类可以利用基因芯片迅速查出自己基因密码中的错误，并利用纳米技术进行修正。

在美国佐治亚州立大学，研究者们正在进行通过意识控制电脑的研究，这项获得政府支持的研究的目的，是让残疾人也能够自如地利用电脑，其思路是将“神经营养电极”接入脑神经，与神经元进行“对话”，然后通过无线方式将信号传送到电脑。

在美国，一种被称为“纳米生物车”的机械已应用于临床医疗。这种装置一部分是生物的，另一部分是机械的。将“纳米生物车”注入癌症患者的体内，它会自动移动至肿瘤部位并将药物投下，杀死肿瘤细胞而不会误伤其他细胞。德国柏林的沙里特临床医院尝试借助磁性纳米微粒治疗癌症，并在动物试验中取得了较好的疗效。将磁性纳米粒子表面涂覆高分子材料后与蛋白质结合，作为药物载体注入到人体内，在体外磁场作用下，通过对纳米磁性粒子的导向使其向病变部位移动，从而达到定向治疗的目的。由安德烈亚斯·约尔丹领导的研究小组发明的抗癌新疗法，是对普通磁疗法的重大技术改进。普通磁疗法利用电磁场对肿瘤部位加热，当温度高于40℃时，可以破坏癌细胞，但同时也会损害到肿瘤周边的健康组织。新的磁疗法是将细微的铁氧体粒子用葡聚糖分子包裹，在水中溶解后注入肿瘤部位，癌细胞和磁性纳米粒子浓缩在一起，肿瘤部位完全被磁场封闭。这样通电加热时，肿瘤部位的温度可以达到47℃，慢慢杀死癌细胞，而临近的健康组织丝毫不受影响。

神经元的结构

神经元的胞体在于脑和脊髓的灰质及神经节内，其形态各异，常见的形态为星形、锥体形、梨形和圆球形状等。胞体大小不一，直径在5～150μm之间。胞体是神经元的代谢和营养中心。

美国康奈纳尔大学的科学家近日研制出了世界上第一种小到只能用显微镜才能看到的微型医疗设备，它的大小与病毒微粒差不多，将来可以在人体细胞内完成包括发放药物在内的各种医疗任务。更令人称奇的是，这种设备的原动力竟然来自人体自身的一种化学物质——ATP。据称，利用ATP作为“燃料”，这种可进入人体细胞的纳米“直升机”的金属发动机可以连续运转两个半小时。上述设备的研制成功是人类在研究可作用于人体细胞的微型医疗工具领域的一大进步。这种设备共包括三个组件，即两个金属推进器和一个与金属推进器相连的金属杆的生物组件，这三个组件在组装时非常简单便捷。其中的生物组件可以将人体的生物“燃料”ATP转化为机械能量，使得金属推进器的运转速率达到每秒8圈。研究人员卡罗·蒙特马诺表示：“这种新型设备的研制标志着我们已经打开了通往一种全新技术的大门。该设备的研制成功表明，我们可以对各种微型设备进行自由组装，为设备提供能量，并进行维修和保养。”

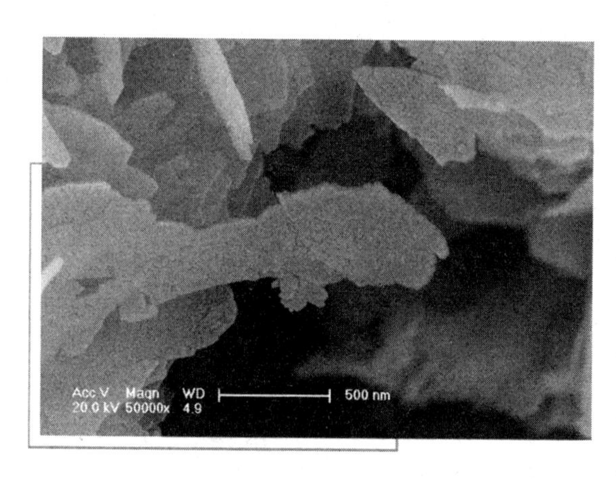


**羟基磷灰石的纳米材料放大后的效果**

武汉理工大学李世谱教授发现羟基磷灰石的纳米材料是对付癌细胞的有效武器。其委托北京医科大学等权威机构做的细胞生物学试验表明，羟基磷灰石的纳米粒子可以杀死人的肺癌、肝癌、食道癌等多种肿瘤细胞。他认为，纳米材料要具备杀死癌细胞、不伤正常细胞的奇特功效，必须具备两个条件：一是纳米粒子具备一定的超微尺度，在20nm～100nm之间；二是纳米粒子要呈“均匀”分布才具药效。

四川利用纳米技术也研制成功“类人骨”。类人骨是指构成和特性与人骨极为相近的、人造骨质。这种全新的骨置换材料将取代现有冰冷的金属和脆弱的塑料等材质，用几乎可以以假乱真的效果为病人送去福音。由四川大学

李玉宝教授研制成功的这种高科技产物——纳米人工骨，已顺利通过国家863项目组验收。纳米人工骨作为几乎与人骨特性相当的“类人骨”，具有广泛的应用前景。

### 知识小链接

#### 北京医科大学

北京大学医学部（简称北医）前身是国立北京医学专门学校，创建于1912年10月26日，是中国政府教育部依靠中国自己的力量开办的第一所专门传授西方医学的国立学校。北医集教学、科研、医疗为一体，以本科教育、研究生教育为主，学科覆盖基础医学、临床医学、口腔医学、药学、预防医学、护理学等六大门类，专业齐全，临床医学和口腔医学实行八年制。是国家“211工程”和“985工程”首批建设的高等学校之一。



运用纳米技术，还能对传统的名贵中草药进行超细开发，同样服用一帖药，经过纳米技术处理的中药，可让病人极大地吸收药效。经过多年潜心研究，国内朱红军、蒋建华教授等人研制出一种粉末状的纳米颗粒，对大肠杆菌、金黄色葡萄球菌等致病微生物均有强烈的抑制和杀灭作用，并且由于采用纯天然矿物质，不会使细菌产生耐药性。

纳米人工骨

在深圳召开的国内首届纳米生物医药学术研讨会上，深圳安信纳米科技控股有限公司宣布利用纳米技术研制生产出“广谱速效纳米抗菌颗粒”，并以此为原料成功开发出纳米医药类产品。其中创伤贴、溃疡贴、烧烫伤敷料等三种纳米医用产品进入规模化生产阶段。"安信"研发的粒径为25nm的"广谱速效纳米抗菌颗粒",经临床应用和中国科学院、中国医学科学院等多家权威机构检测,证实是安全的抗菌、杀菌剂。它无毒、无味、无刺激、无过敏反应,遇水杀菌力更强,这种纳米抗菌材料的诞生,为我国开创了纳米技术在生物医药领域应用的先河。纳米抗菌药物将广泛应用于人体皮肤和黏膜组织的抗菌,治疗结膜炎、鼻炎、粉刺、口腔溃疡以及烧烫伤、创伤、感染化脓、褥疮、皮肤病等由细菌和真菌引起的疾病。特别是研制开发成功的溃疡贴,较好地解决了目前难以解决的糖尿病人创伤溃疡难以愈合的医学难题,实现了真正不含抗生素的长效广谱抗菌功效。它的成功研制和投产,标志着在同细菌和真菌的斗争中,人类在抗感染药物领域进行了一场革命。

在21世纪即将来临之际,专家预言,在医学、健康领域,纳米技术的研究和应用为生物医学提供了新的途径。纳米技术将很大地改变21世纪人类的生物医学健康模式。

## ◎ 纳米科技下的医学药物

疾病检测指示剂:纳米粒子微细结构使其对环境中的化学或物理指标的变化极为敏感,因此可对人体内的病原体及早做出预测,例如当肿瘤只有几个细胞大小时就可以将其检测出来,并加以根除。

纳米银抗菌剂

抗菌剂:纳米氧化锌粉末在阳光下,尤其在紫外线的照射下,在水和空气中能自行分解出自由移动的带负

电的电子（e－），同时留下带正电的空穴（h＋）。这种空穴可以激活空气中的氧变为活性氧，有极强的化学活性，能与多种有机物发生氧化反应（包括细菌内的有机物），从而把大多数病菌和病毒杀死。有关的定量试验表明：在5分钟内纳米氧化锌的浓度为1%时，金黄色葡萄球菌的杀菌率为98.86%，大肠杆菌的杀菌率为99.93%。

纳米矿物中药：研究表明，矿物中药制成纳米粉末后，药效大幅度提高，并具有高吸收率、服用剂量小的特点；还可利用纳米粉末的强渗透性，将矿物中药制成贴剂或含服剂，避开胃肠吸收时体液环境与药物反应引起不良反应或造成吸收不稳定；也可将难溶矿物中药制成针剂，提高吸收率。

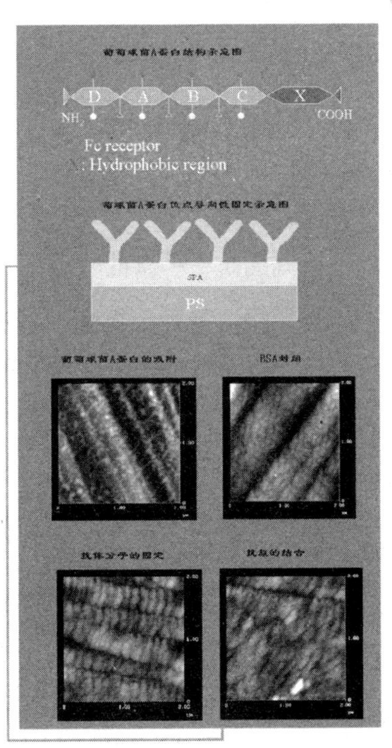


spa 位点纳米导向固定的效果图

你知道吗

**皮肤是五脏六腑的镜子**

皮肤是五脏的镜子。痘痘的产生主要与五脏六腑关系密切，中国医学研究表明：痤疮虽生长在皮肤表面，但与脏腑功能失调息息相关。中医认为引起痤疮的原因是：面鼻及胸背部属肺，本病常由肺经风热阻于肌肤所致；或因过食肥甘、油腻、辛辣食物，脾胃蕴热，湿热内生，熏蒸于面而成；或因青春之体，血气方刚，阳热上升，与风寒相搏，郁阻肌肤所致。

## ◎ 纳米技术美容应用

1982年扫描隧道显微镜发明后，便诞生了一门以0.1～100纳米长度为研究分子的技术，它的最终目标是直接以原子或分子来构造具有特定功能的产品。同样，纳米技术因具有彻底改变物质生产方式的巨

大潜能，有可能在新世纪引发一场新的美容化妆品产业的技术革命。

美容化妆品尤其是功能性护肤品，其意义就在于给皮肤组织细胞营造一个优越的生命环境，并携带多种营养物质与活性成分，给表面细胞补充水分和养分，改良性状、改善其新陈代谢过程，使皮肤的持久健康。

不同品质、档次的化妆品，仅在添加活性成分方面有较大区别，如天然植物提取物、多种生物酶、多种维生素等，但这些活性物质，活性越高，越不稳定，见光、遇热、酸、氧等极易分解或氧化。如何使有效的活性物质在化妆品的添加、储存中保持稳定和鲜活？如何营造表层皮肤组织结构所需的生物环境，并将所携带的鲜活的成分释放，且维持一定的有效时间、有效浓度？这些一直是化妆品领域中的难题。

传统工艺乳化得到的化妆品膏体内部结构为胶团状或胶束状，其直径为微米，对皮肤渗透能力很弱，不易被表皮细胞吸收。因为皮肤的吸收功能有限，一般只能通过皮肤和汗腺两条途径。而皮肤最外层具有疏水性角质层，因而水溶性物质和大分子的物质通过表皮吸收和毛囊皮脂腺的吸收相当不易。

基础小知识

### 肥皂泡

肥皂泡是非常薄的形成一个带虹彩表面的空心形体的肥皂水的膜。肥皂泡的存在时间通常很短，它们会因触碰其他物体或维持于空气中太久而破裂（地心吸力令肥皂泡上方的膜变薄）。由于它们很脆弱，它们也成为美好但不实际的东西的隐喻。它们经常被用作孩童的玩物，但他们在艺术表演中的使用也表明它们对于成人也是很有吸引力的。肥皂泡还可能帮助解决空间的复杂的数学问题，因为它们总是会找到点或者边之间的最小表面。

为了使有效的活性物质，如维生素、植物提取酶、蛋白质等物质，在化妆品中保持稳定和鲜活，并将所携带的鲜活的成分释放，且维持有效时间、有效浓度，20 世纪 60 年代，科学家就开始研究包裹脂质体。但脂质体是一个仿细胞壁结构的双极性分子结构，像一个肥皂泡，且内层（核）为液体，是一种亚稳定状态，遇热、表面活性剂或脂质体碰撞，就易破裂。

20 世纪 80 年代，科学家开始研究活细胞微球。“活细胞仿生微球”是仿人体角质细胞结构，由天然物质合成的。外层是由天然磷脂体组成的双极性分子双层结构，内层细胞由天然多糖分子组成的网状固体核。活性物质被固定，且完全是一种稳定状态，即使遇热、碰撞等仍相对稳定，而其纳米级超分子结构稳定，依靠其活细胞结构与人体组织的相容的亲和力，极易进入表层皮肤深层，修复和强化角质层组织结构，防止皮肤老化。另一方面，它的载带作用非常明显，并能保持载带物的稳定性。它包裹保护的如维生素、生物酶、美白剂等一些在化妆品中无法有效使用的高活性天然植物精华，能长期保持其新鲜活性。北京某美容保健机构向全社会推出的纳米化妆品“纳米保鲜护肤液”，就引进了国际最高新技术“活细胞仿生微球”——纳米级（粒径）超微载体，其内包裹了多种易于吸收的微生物活性物质及维生素 C、E 等护肤成分，能有效地保护活性成分不受破坏，同时其缓释作用可延长活性成

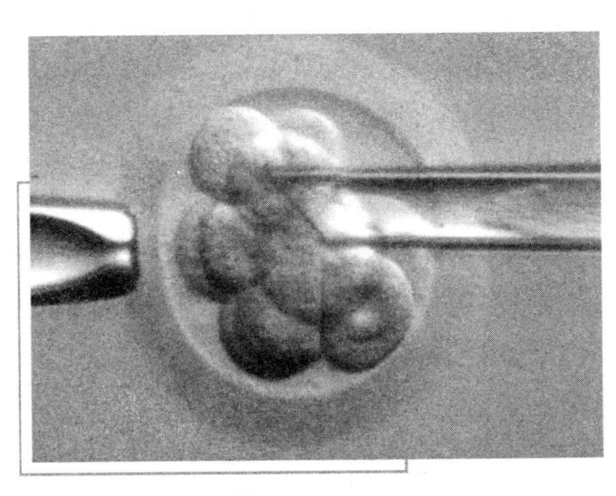

活细胞仿生微球的实验

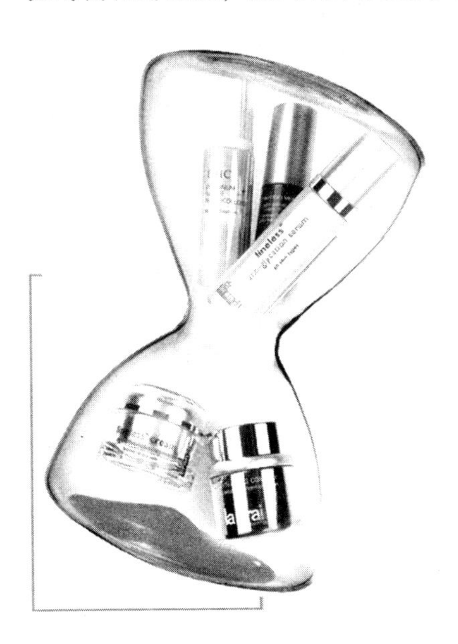

纳米化妆品

分的作用时间，能将纳米化妆品所有的优点发挥到极致。

## 知识小链接

### 美白

在很久之前，西方人热衷日光浴，追求麦色皮肤，以示自己经常有闲暇度假、地位很高。而在东方，深色皮肤是劳苦大众的标志，有钱人则白白胖胖。近些年来，由于日晒可能导致皮肤癌、皮肤老化、雀斑、黑斑等等，吓得西方女性也不敢再大肆曝晒。美白保湿渐渐成了一致的审美标准。

纳米技术运用到化妆品制造业中，能对传统工艺乳化得到的化妆品缺陷加以很大改进。因为用纳米级功能原料通过纳米技术处理得到的化妆品膏体微粒可以达到纳米级状态，这种纳米级膏体对皮肤渗透性大大增加，皮肤选择吸收功能物质的利用率随之大为提高。采用纳米技术研制的化妆品，其独到之处在于，它将化妆品中最具功效的成分特殊处理成纳米级这种极其微小的结构，顺利渗透到皮肤内层，事半功倍地发挥护肤、疗肤效果。

纳米保鲜护肤品

纳米化妆品给美容日化行业带来了一股新鲜的活力，一时间成为新世纪新宠。国内外已经有美容产品开始使用纳米微球技术，这类绿色护肤化妆品以优质、高效、安全、持久等优异性能来满足人们对高品质美容的追求。

一位智者曾留言，人类对纳米的认识还远远不够，但是我们坚信，随着对纳米科技的进一步认识，人类的生活将发生深刻的变化。放眼长远，科学家们仍然是信心满怀，相信纳米的未来不是梦。

下面我们谈谈纳米保鲜护肤品——纳米护肤品的问世，带给我们的神奇、惊异和向往。什么是纳米护肤品呢？护肤品是专门针对皮肤的特殊保健品。人体的皮肤具有良好的保护和防御功能，是机体天然的屏障，在抵御有害物的同时，也将护肤品中丰富多彩的“营养”挡在外面，成了皮肤表面的堆砌。对大多数化妆品而言，“溶解、吸收和利用”一直是科学家奋力研究的课题，纳米技术是科技领域的一次飞跃，是一次工业革命，纳米技术研制的护肤品，是在几百纳米尺度内，应用操纵和加工技术，将化妆品中最具功效的成分特殊处理成100 纳米内的微小结构。

21 世纪美容将以科技领先，纳米护肤品带给我们的不仅是一股科技风，它将给千千万万追求健康、美丽、时尚的人们带来真切的感受和实惠，带来更加美好的生活。

## 神奇的纳米生物材料

纳米材料对生物医学的影响具有深远的意义。纳米医学的发展进程如何，在很大程度上取决于纳米材料科学的发展。纳米材料分为两个层次：纳米微粒和纳米固体。

如今，人们已经能够直接利用原子、分子生产、制备出仅包含几十个到几百万个原子的单个粒径为 1 ~ 100 纳米的纳米微粒，并把它们作为基本构成单元，适当排列成三维的纳米固体。纳米材料由于其结构的特殊性，表现出许多不同于传统材料的物理、化学性能。在医学领域中，纳米材料已经得到成功的应用。最引人注目的是作为药物载体，或制作人体生物医学材料，如人工肾脏、人工关节等。在纳米铁微粒表面覆一层聚合物后，可以固定蛋白质或酶，以控制生物反应。国外用纳米陶瓷微粒做载体的病毒诱导物也取得成功。由于纳米微粒比血红细胞还小许多，因此可以在血液中自由运行，在疾病的诊断和治疗中发挥独特作用。

## ◎ 药物和基因纳米载体材料将带来医学变革

在纳米生物材料研究中，目前研究的热点和已有较好基础及做出实质性成果的，是药物纳米载体和纳米颗粒基因转移技术。这两种技术分别是以纳米颗粒作为药物和基因转移载体，将药物、DNA 和 RNA 等基因治疗分子包裹在纳米颗粒之中或吸附在其表面，同时也在颗粒表面耦联特异性的靶向分子，如特异性配体、单克隆抗体等，通过靶向分子与细胞表面特异性受体结合，在细胞摄取作用下进入细胞内，实现安全有效的靶向性药物和基因治疗。

药物纳米载体具有高度靶向、药物控制释放、提高难溶药物的溶解率和吸收率等优点，因此可以提高药物疗效和降低毒副作用。纳米颗粒作为基因载体具有一些显著的优点：纳米颗粒能包裹、浓缩、保护核苷酸，使其免遭核酸酶的降解；比表面积大，具有生物亲和性，易于在其表面耦联特异性的靶向分子，实现基因治疗的特异性；在循环系统中的循环时间较普通颗粒明显延长，在一定时间内不会像普通颗粒那样迅速地被吞噬细胞清除；让核苷酸缓慢释放，有效地延长作用时间，并维持有效的产物浓度，提高转染效率和转染产物的生物利用度；代谢产物少，副作用小，无免疫排斥反应等。

**人工肾脏的制做材料**

制做人工肾脏透析器的中空纤维材料有铜铵纤维素、醋酯纤维素、聚丙烯腈、聚甲基丙烯酸甲酯、聚乙烯醇等，常用的是铜铵纤维素。

对专利和文献资料的统计分析表明，用于恶性肿瘤诊断和治疗的药物载体主要由金属纳米颗粒、无机非金属纳米颗粒、生物降解性高分子纳米颗粒和生物性颗粒构成。由于毒副作用小，胶体金和铁是金属材料中作为基因载体、药物载体的重要材料。胶体金于40年前用于细胞器官染色，以便在电子显微镜下对细胞分子进行观察与分析。胶体金对细胞外基质胶原蛋白表现出特异结合的特性，启发人们考虑用胶体金作为药物和基因的载体，用于恶性肿瘤的诊断和治疗。

在非金属无机材料中，磁性纳米材料最为引人注目，已成为目前新兴生物材料领域的研究热点。特别是磁性纳米颗粒表现出良好的表面效应，表面激增，官能团密度和选择吸附能力变大，携带药物或基因的百分数量增加。在物理和生物学意义上，顺磁性或超顺磁性的纳米铁氧体纳米颗粒在外加磁场的作用下，温度上升至40℃～45℃，可达到杀死肿瘤的目的。

生物降解性是药物载体或基因载体的重要特征之一，通过降解，载体与药物或基因片段定向进入靶细胞之后，表层的载体被生物降解，芯部的药物释放出来发挥疗效，避免了药物在其他组织中释放。可降解性高分子纳米药物和基因载体已成为目前恶性肿瘤诊断与治疗研究中主流。研究和发明中超过60%的药物或基因片段采用可降解性高分子生物材料作为载体，如聚丙交脂（PLA）、聚已交脂（PGA）、聚己内脂（PCL）、PMMA、聚苯乙烯（PS）、纤维素、纤维素—聚乙烯、聚羟基丙酸脂、明胶以及它们之间的共聚物。这类材料最突出的特点是生物降解性和生物相容性。通过成分控制和结构设计，生物降解的速率可以控制，部分聚丙交脂、聚已交脂、聚己内脂、明胶及它们的共聚物可降解成细胞正常代谢物质——水和二氧化碳。

生物性高分子物质，如蛋白质、磷脂、糖蛋白、脂质体、胶原蛋白等，利用它们的亲和力，与基因片段和药物结合形成生物性高分子纳米颗粒，再结合上含有天门氡氨酸的定向识别器，靶向性与目标细胞表面的整合子（integrins）结合后将药物送进肿瘤细胞，达到杀死肿瘤细胞或使肿瘤细胞发生基

因转染的目的。

> **知识小链接**
>
> **磷　脂**
>
> 含有磷酸基团的脂质，包括甘油磷脂和鞘磷脂两类。属于两亲脂质，在生物膜的结构与功能中占重要地位，少量存在于细胞的其他部位。

药物纳米载体（纳米微粒药物输送）技术是纳米生物技术的重要发展方向之一，将给恶性肿瘤、糖尿病和老年性痴呆等疾病的治疗带来变革。

## ◎ 如何制备药物和基因纳米载体

将聚乙二醇多段共聚物作为抗癌药物阿霉素的载体，其中聚乙二醇嵌段接枝共聚物的分子量为2000，该共聚物由寡肽与氨基尾端链接而成，通过二氨和PEG2（琥珀酰亚氨羧酸酯）界面凝聚制得。每个寡肽片段含有三个羧基基团，主要用于与抗癌药物阿霉素连接。至少含有一个分子量最低的烷基和一个C2～20链烷醇基团环糊精衍生物，可用于药物的释放，具有低溶血活性。聚乙二醇多段共聚物采用硅烷偶联剂处理，在紫外光照射下引发聚合，制备聚N—异丙基丙烯酰胺薄涂层，用于制备纳米载体微粒。

## ◎ 让药物瞄准病变部位的“纳米导弹”

从1994年开始，中南大学卫生部肝胆肠外科研究中心张阳德等开展了磁纳米粒治疗肝癌研究，他们的研究内容包括磁性阿霉素白蛋白纳米粒在正常肝中的磁靶向性、在大鼠体内的分布及对大鼠移植性肝癌的治疗效果等。结果表明，磁性阿霉素白蛋白纳米粒具有高效磁靶向性，在大鼠移植肝肿瘤中的聚集明显增加，而且对移植性肿瘤有很好的疗效。

靶向技术的研究主要在物理化学导向和生物导向两个层次上进行。物理

化学导向在实际应用中缺乏准确性，很难确保正常细胞不受到药物的攻击。生物导向可在更高层次上解决靶向给药的问题。

物理化学导向——利用药物载体的 pH 敏、热敏、磁性等特点在外部环境的作用下（如外加磁场）对肿瘤组织实行靶向给药。磁性纳米载体在生物体的靶向性是利用外加磁场，使磁性纳米粒在病变部位富集，减少正常组织的药物暴露，降低毒副作用，提高药物的疗效。磁性靶向纳米药物载体主要用于恶性肿瘤、心血管病、脑血栓、冠心病、肺气肿等疾病的治疗。

生物导向——利用抗体、细胞膜表面受体或特定基因片段的专一性作用，将配位子结合在载体上，与目标细胞表面的抗原性识别器发生特异性结合，使药物能够准确送到肿瘤细胞中。药物（特别是抗癌药物）的靶向释放面临网状内皮系统（RES）对其非选择性清除的问题。再者，多数药物为疏水性，它们与纳米颗粒载体偶联时，可能产生沉淀，利用高分子聚合物凝胶成为药物载体可望解决此类问题。因凝胶可高度水合，如合成时对其尺寸达到纳米级，可用于增强对癌细胞的通透和保留效应。目前，虽然许多蛋白质类、酶类抗体能够在实验室中合成，但是更好的、特异性更强的靶向物质还有待研究与开发。而且药物载体与靶向物质的结合方式也有待研究。

**冠心病的致病原因**

冠心病的主要病因是冠状动脉粥样硬化，但动脉粥样硬化的原因尚不完全清楚，可能是多种因素综合作用的结果。认为本病发生的危险因素有：年龄和性别（45 岁以上的男性、55 岁以上或者绝经后的女性）、家族史（父兄在 55 岁以前、母亲/姐妹在 65 岁前死于心脏病）、血脂异常（低密度脂蛋白胆固醇 LDL－C 过高、高密度脂蛋白胆固醇 HDL－C 过低）、高血压、尿糖病、吸烟、超重、肥胖、痛风、不运动等。

# 纳米生物器件研究

## ◎ 给肿瘤贴标签的纳米生物传感器

将荧光素（荧光蛋白）结合靶向因子，通过与肿瘤表面的靶标识别器结合后，在体外用测试仪器显影可确定肿瘤的大小尺寸和体位。另一个重要的方法是将纳米磁性颗粒与靶向性因子结合，与肿瘤表面的靶标识别器结合后，在体外用仪器测定磁性颗粒在体内的分布和位置，确定肿瘤的大小尺寸和体位。

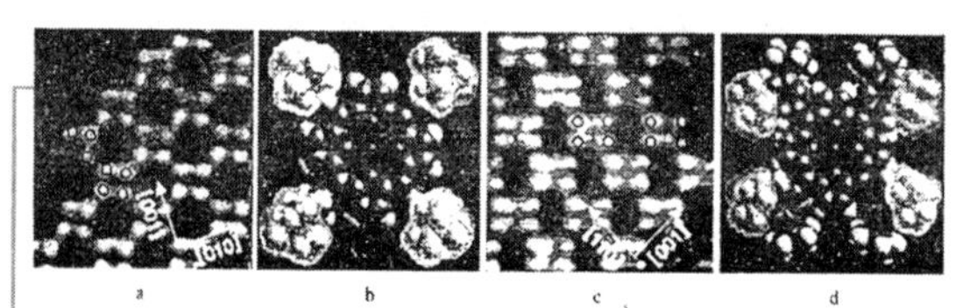

扫描探针下材料表面

美国科学家研制出一种纳米探针，它是一支直径50纳米，外层包银的光纤，并可传导一束氦—镉激光。它的尖部贴有可识别和结合聚对苯二甲酸丁二醇酯的单克隆抗体。325纳米波长的激光将激发抗体和聚对苯二甲酸丁二醇酯所形成的分子复合物产生荧光。此荧光进入探针光纤后，由光探测器接收。美国科学家图安·活一丁和他的同事认为，此高选择和高灵敏的纳米传感器能用于探测很多细胞化学物质，可以监控活细胞的蛋白质和科学家们感兴趣的其他生物化学物质。

### 拓展阅读

#### 荧光素

荧光素是具有光致荧光特性的染料。荧光染料种类很多。目前常用于标记抗体的荧光素有异硫氰酸荧光素、四乙基罗丹明、四甲基异硫氰酸罗丹明、酶作用后产生荧光的物质。

## ◎ 在细胞内发放药物的“分子马达”

医学的发展，离不开医疗器械的现代化。建立在纳米尺度上的医疗器械，将会开创纳米医学的新世界。目前，研究较多的是分子马达。所谓分子马达即分子机械，是指分子水平（纳米尺度）的一种复合体，能够作为机械部件的最小实体。它的驱动方式是通过外部刺激（如采用化学、电化学、光化学等方法改变环境），使分子结构、构型或构象发生较大变化，并且保证这种变化是可控和可调制的，而不是无规则的，从而使体系在理论上具有对外机械做功的可能性。

美国康奈尔大学的科学家利用ATP酶作为分子马达，研制出了一种可以进入人体细胞的纳米机电设备——“纳米直升机”。该设备由生物分子组件将人体的生物“燃料”ATP转化为机械能量，使得设备中的金属推进器运转。这种技术仍处于研制初期，但将来有可能完成在人体细胞内发放药物等医疗任务。

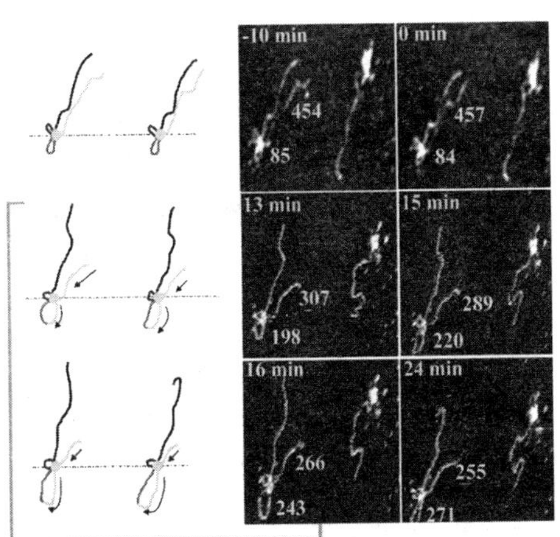


原位观测分子马达

纳米生物技术离临床诊疗有多远？纳米生物技术在医学临床的应用在可预见的将来会非常广泛。过去10年中，利用纳米技术进行恶性肿瘤早期诊断与治疗的探索研究在西方发达国家已全面展开，美、日、德等发达国家斥巨资投入该项研究，旨在于15年内征服一部分恶性肿瘤。美国Alfret A. Douglas C等利用纳米颗粒与病毒基因片段及其他药物结合，构成纳米微球，在动物实验中靶向治疗乳腺肿瘤获得成功。近年来纳米技术在恶性肿瘤早期诊断与治疗应用方面最成功的，是铁氧体纳米材料及相关技术。武汉理工大学李世普在体外实验中发现粒子尺度在20～

80纳米的羟基磷灰石纳米材料具有杀死癌细胞的功能。然而，在充分安全、有效进入临床应用前，仍有诸如更可靠的纳米载体，更准确的靶向物质，更有效的治疗药物，更灵敏、操作性更方便的传感器，以及体内载体作用机制的动态测试与分析方法等重大问题，尚待研究解决。

总的来说，国际上纳米生物技术的研究范围涉及纳米生物材料、药物和转基因纳米载体、纳米生物相容性人工器官、纳米生物传感器和成像技术、利用扫描探针显微镜分析蛋白质和DNA的结构与功能等重要领域，以疾病的早期诊断和提高疗效为目标。在纳米生物材料，尤其是在药物纳米载体方面的研究已取得一些积极的进展，在恶性肿瘤诊疗纳米生物技术方面也取得了实验阶段的进展，而其他方面的研究尚处于探索阶段。

## 匪夷所思的DNA镊子

如果有一种超微型镊子，能够钳起分子或原子并对它们随意组合，制造纳米机械就容易多了。科学家在英国《自然》杂志上发表报告称，他们用DNA（脱氧核糖核酸）制造出了一种纳米级的镊子。

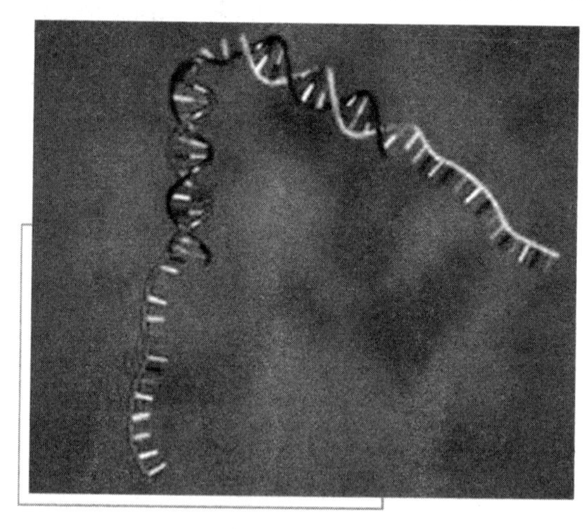

匪夷所思的DNA镊子

美国朗讯科技公司和英国牛津大学的科学家说，利用DNA基本元件碱基的配对机制，可以用DNA为“燃料”控制这种镊子反复开合。

研究人员设计出三条DNA链A、B和C，利用碱基配对机制，使A的一半与B的一半结合，A的

另一半与 C 的一半结合。在 A 连接 B 与 C 的地方有一个活动“枢纽”，这样就构成了一个可以开合的镊子，而其每条臂只有 7 纳米长。一般情况下，镊子保持“开”的状态。利用另一条设计好的 DNA 链 D，使它分别与 B 和 C 上碱基未配对的部分结合，就把 B 和 C 两臂拉到一起，使镊子合上。同时，D 仍留出一部分未配对的碱基。再添加一条 DNA 链 E，使它与链 D 上碱基未配对的部分结合，把 D 拉离镊子，就能使镊子重新张开。重复添加链 D 和链 E 的过程，就能使镊子反复开合。由于这个镊子的开合需要在 DNA 链 D 和链 E 的作用下才能进行，所以科学家将其称为这种镊子的“燃料”。

科学家说，这种镊子尚不能真正用于制造纳米机械，因为目前还有许多问题需要研究，例如怎样用它钳住所需的分子或原子。



## 辛勤的“纳米蜂”

纳米蜂是利用纳米技术研制出的。科学家让其身背装有“蜂毒肽”的小包裹钻入癌细胞，并将它们一个个消灭掉。实验表明，这种技术对乳腺癌和皮肤癌的治疗效果明显。纳米蜂技术具有杀癌细胞功效明显、副作用小、成本低的优势，为人类对抗癌症提供了一个强有力的武器。

纳米蜂助杀癌细胞

### ◎关于纳米蜂的简介

2009 年 8 月，美国华盛顿大学的科学家公布了一项非常有意义的研究成果——他们利用纳米技术成功研制出“纳米蜂”，可让其身背装有“蜂毒肽”的小包裹钻入癌细胞并将它们一个个消灭掉。实验中，“纳米蜂”已经成功地将实验室小白鼠体内的癌细胞消

灭殆尽，科学家希望在进行更多的研究之后，能够早日将这一技术应用到人类身上，造福癌症患者。

### ◎关于纳米蜂的实验

华盛顿大学医学院塞特曼癌症中心教授塞缪尔·威克莱恩和他的团队组织了一次研究。他们给一组老鼠植入黑色素肿瘤，也就是皮肤癌细胞，在另一组老鼠体内植入人类乳腺癌细胞。随后，研究人员把蜂毒中的主要活性物质——蜂毒肽附着在“纳米蜂”上注射进老鼠体内。

经过四、五次注射后，他们发现，与没接受注射的老鼠相比，癌症老鼠体内乳腺癌肿瘤的体积缩小四分之一，黑色素肿瘤的体积更是缩小至原来的约十分之一。

“这些‘纳米蜂’降落在细胞表面，它们‘卸载’下来的蜂毒肽会迅速融入目标细胞中。”研究领头人威克莱恩说。此外，当蜂毒肽“卸载”在细胞上后，“纳米蜂”就会溶解并在肺部蒸发，对人体不会产生任何副作用。

基础小知识

#### 华盛顿大学

圣路易斯华盛顿大学创建于1853年，坐落在密苏里州圣路易斯市，圣路易斯华盛顿大学是一所中等规模的研究型大学、是美国著名的私立大学之一。它在校生人数12000左右，圣路易斯华盛顿大学研究生院的专业排名名声赫赫，与圣路易斯华盛顿大学有联系的诺贝尔奖得主有23人之多，还有多人获得普利策奖、桂冠诗人、国家图书奖、美国国家科学奖章等荣誉。

## ◎ 关于纳米蜂的原理

蜂毒肽之所以能够摧毁癌细胞，是因为它们接触细胞表面后可以撕裂细胞膜，破坏细胞内部组织。当（蜂毒肽）浓度足够高时，就可以破坏任何接触到的细胞。

如果将蜂毒肽直接注射进血液，那么在杀死癌细胞的同时也会导致血液细胞大量“牺牲”，因此科学家设计让“纳米蜂”来充当蜂毒载体。“纳米蜂”并非真蜂，而是由全氟碳构成的微粒。它大小适中，既可以运送上千的活性化合物，也可以在血管里灵巧地游动去接触细胞膜。

一旦进入体内，“纳米蜂”就会聚集在肿瘤组织处。此外，为了提高“准确度”，科学家还在“纳米蜂”上加载了特殊化合物来引导它们接近癌细胞。

## ◎ 关于纳米蜂的效果

“纳米蜂”虽然比一根人的发丝还要小几千倍，不过矫健的身形足以背着蜂毒肽包裹经由血液到达癌细胞生长处。在已经进行了的针对乳腺癌和皮肤癌的实验中，患病小白鼠体内就被注射了“纳米蜂”。“纳米蜂”找到癌细胞后并不会急着释放蜂毒肽，它先是一头钻进癌细胞内，包裹里携带的全氟化碳会降低癌细胞的活

### 蜂毒肽为什么能导致死亡

蜂毒肽是抗菌素的一种，是指从青霉菌培养液中提制的分子中含有青霉烷、能破坏细菌的细胞壁并在细菌细胞的繁殖期起杀菌作用的一类抗生素，是第一种能够治疗人类疾病的抗生素。青霉素类抗生素是β－内酰胺类中一大类抗生素的总称。但它不能耐受耐药菌株（如耐药金葡）所产生的酶，易被其破坏，且其抗菌谱较窄，主要对革兰氏阳性菌有效。青霉素G有钾盐、钠盐之分，钾盐不仅不能直接静注，静脉滴注时，也要仔细计算钾离子量，以免注入人体形成高血钾而抑制心脏功能，造成死亡。

性，紧接着蜂毒肽被放出后，癌细胞就会立即死亡，杀癌细胞功效显著。

“纳米蜂”内部还有专门的定位物质，能够指引它一路前行，直达患处；而外部的纳米颗粒不仅能够有效防止“纳米蜂”伤害并未染病的健康器官，还能保证它在到达患处前不因与身体器官发生摩擦而破损。

在实验中，被注射“纳米蜂”的乳腺癌小白鼠体内的癌细胞减少了45%，而患有皮肤癌的小白鼠体内的癌细胞则锐减了75%之多。科学家表示，他们相信“纳米蜂”在对抗前列腺癌和肠癌细胞时也能发挥出色的杀癌功效。

**知识小链接**

**乳腺癌**

乳腺癌是女性最常见的恶性肿瘤之一，据资料统计，发病率占全身各种恶性肿瘤的7%－10%。它的发病常与遗传有关，40～60岁之间、绝经期前后的妇女发病率较高。通常发生在乳房腺上皮组织的恶性肿瘤，是一种严重影响妇女身心健康甚至危及生命的最常见的恶性肿瘤之一，男性乳腺癌罕见。

## ◎关于纳米蜂的技术优势

实验显示，老鼠在接受治疗时均没有发生“附带损害”，它们的血细胞计数正常，也没有器官受损的征兆。这意味着，蜂毒肽附着“纳米蜂”进入血液后不仅可以有效破坏癌细胞，还可以避免伤害到健康细胞。研究人员说，蜂毒肽治疗相比化学疗法副作用较小，在特定癌症治疗上很有可能取代传统治疗方法，从而开启人类抗癌治疗的新篇章。

科学家认为“纳米蜂”具有很大潜力，它不仅可能“干掉”已形成的肿瘤组织，还有可能成功遏制早期癌症的发展。华盛顿大学的保罗·施莱辛格博士表示：“蜂毒肽是一件强有力的杀癌武器。我们发现，它的针对打击能力

很强，任何与它接触的癌细胞都会被消灭。众所周知，癌细胞会根据药物而产生抵抗力，但是它们很难根据蜂毒肽的作用机理来发展出针对蜂毒肽的抵抗力。”

## 超敏感的“鼻子”——纳米鼻

美国马萨诸塞州阿穆赫斯特大学的科学家已经制造了一种分子“鼻子”，它可以利用纳米粒子似的传感器来嗅出和识别蛋白质。这些超灵敏的传感器被训练得十分精明，可以探测各种各样的蛋白质，甚至可以充当诊断癌症等疾病的工具。其高明之处就是它能嗅出由生病细胞发出的气味。

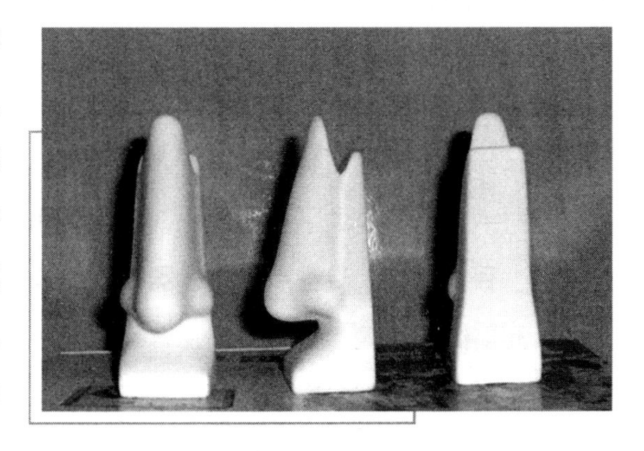

分子鼻子的模型

目前探测蛋白质的方法通常是依靠特定的受体来感受气味，就像锁和钥匙一样，特定的受体与特定蛋白质套在一起。研究人员用分子锁装满微电极，当他们将蛋白质“钥匙”加到电极上时，看看是哪两种物质结合在一起，从而确定蛋白质的种类。此技术虽然精确，但造价亦非常昂贵。因为测定特定的蛋白钥匙，你得有特定的“锁”。

研究人员想设计一种探测方法，可更加全面地进行感知，像人类的鼻子一样，一个鼻子可以闻出不同的气味。这就需要受体来识别不同的气味。当蛋白接触到这种分子鼻子时，就会刺激一群传感器受体以签署好的图案来读取指纹。不知道的新蛋白将有独特的签名，可以比传统方式更加轻易地识别出来。

因此，科学家用金纳米粒子建造了他们的分子鼻子。金纳米粒子可以精确地加工成不同的大小和形状。所有蛋白质有自己独特的形状，会具有一个电极或化学键。凭借其独特的形状，这些蛋白质可以刺激特定的传感器，使其释放它们的染料和光亮。之后，研究人员可以读取这些发光图案，就像看指纹一样，以识别出当前的这种蛋白质。

研究人员使用6种不同的纳米粒子来感知7种不同的蛋白质，其中有些蛋白质被故意弄得很相似。经检测，传感器正确识别已知的蛋白的成功率达94%。研究人员还开发了一种技术，可以处理不同的蛋白质浓度，因为蛋白质浓度有时会影响分析。通过结合原始数据与统计分析，研究人员能正确识别随机选择的56种蛋白，成功率达96%。

这种纳米鼻子提供了独特的感知方法，较现有技术更加可靠且更加便宜地应用。目前研究人员重点让传感器识别由癌细胞产生的畸形蛋白，目的就是让传感器像嗅癌犬一样工作。在未来的几年里，这项技术可以在医学上用于诊断器官损伤、细菌感染和癌症等疾病。另外，这项嗅觉技术还可用来检测腐败的食物、化妆品和药品，在机场取代化学传感器监测和扫描毒品和炸药。

## 纳米抗菌生物蛋白纤维

科学家利用没有纺织价值的羊毛、牛毛、驼毛，成功地制备了适合纺丝的角蛋白溶液，又将角蛋白溶液加入纤维素中制备纤维；而在制备毛纤中，又将纳米抗菌粉体均匀分散在蛋白纺丝液中，制备功能性蛋白纤维。通过对角蛋白的影响因素的研究，制得了纯蛋白纤维纺丝液，得到了物性优良的抗菌蛋白纤维。将纳米抗菌纤维中无机抗菌剂的添加量控制在0.5%～5.0%的范围内制备的抗菌纤维的物性指标达到国家标准，可以满足用户加工的要求。

此项目研究开发的具有长效性、环保性的纳米抗菌生物蛋白纤维在世界尚属首创。

该项技术的发明，标志着人类首次将现代生物技术与现代纺织技术成功对接，标志着一项高新技术即将引领世界毛纤产业革命和纺织新生代的开始。纳米抗菌生物蛋白纤维保留了天然羊毛成分，具有羊毛和羊绒的手感，又增加了真丝滑爽的风格，具有垂感和挺括性。织物手感柔软、吸湿性强、染色性好、光泽亮丽。蛋白纤维富含大量氨基酸成分，纤维呈弱酸性，服用性优良。蛋白织物还耐高温、耐光照、耐腐蚀、均匀性好，不起皱、不起毛、不起球、不起静电、可纺性强。抗菌织物经国家纺织品检测中心对大肠杆菌、金黄色葡萄球菌、白色念珠菌检测，抗菌指标(6 小时)分别为 99.6%、97.7% 和 99.9%。

**趣味点击　如何用火烧的方法鉴别驼毛**

用火烧，这是为了区别毛与化纤。取少量的毛用火柴烧一下，驼毛会冒烟、起泡，有类似烧头发的臭味，烧后灰烬多，并结成有光泽的黑色脆块，用手一捻就碎。假驼毛一般都掺有各种化纤，在燃烧时都有特殊的气味，如粘胶纤维有醋酸气味，锦纶有芹菜气味，腈纶有辛酸味，涤纶有芳香味等等。另外，燃烧后除了粘胶纤维成灰白色的粉末状外，其他一般为黑色硬块，用手不易捻碎。

纳米抗菌生物蛋白纤维可广泛应用于内衣、衬衫、裙装、T 恤、西服、毛衣、毛裤、大衣、秋冬装、儿童服装、运动服装、家庭和酒店的床上用品、毛巾、袜子、浴巾、毛毯、地毯、长毛绒玩具等。

## 纳米银的应用有哪些

纳米银就是将粒径做到纳米级的金属银单质。纳米银粒径大多在 25 纳米左右，对大肠杆菌、淋球菌、沙眼衣原体等数十种致病微生物都有强烈的抑制和杀灭作用，而且不会产生耐药性。动物试验表明，这种纳米银抗菌微粉的使用量即使达到标准剂量的几千倍，受试动物也无中毒表现。同时，它对受损上皮细胞还具有促进修复作用。值得一提的是，该产品遇水抗菌效果愈发增强，更利于疾病的治疗。

专家认为，这种纳米银抗菌微粉还可广泛应用于环境保护、纺织服饰、水果保鲜、食品卫生等领域。

应用范围包括：纤维（织物、成品）、玩具、二极管、三极管集成电路的焊接，电子浆料、水产养殖、园艺设施、土壤改良、建筑材料、装饰材料、洗涤用品、玻璃器皿、包装类纸制品、特殊行业用纸、除臭剂、医药外用抗菌凝胶、塑料制品。

## ◎ 神奇的纳米银——七大抗菌特点

纳米银，是利用前沿纳米技术将单质银纳米化。纳米技术的出现，使银在纳米状态下的杀菌能力产生了质的飞跃。极少的纳米银便可产生强大的杀菌作用，可在数分钟内杀死650多种细菌，广谱杀菌且无任何耐药性。它还能够促进伤口的愈合、细胞的生长及受损细胞的修复，无任何毒性反应，对皮肤也未发现任何刺激反应。这些给广泛应用纳米银于抗菌领域开辟了广阔的前景，是最新一代的天然抗菌剂。纳米银杀菌具有以下特点。

### 广谱抗菌

纳米银颗粒直接进入菌体与氧代谢酶的巯基（-SH）结合，使菌体窒息而死的独特作用机制，可杀死与其接触的大多数细菌、真菌、孢子等微生物。经国内八大权威机构研究发现：其对耐药病原菌如耐药大肠杆菌、耐药金葡萄球菌、耐药绿脓杆菌、化脓链球菌、耐药肠球菌、厌氧菌等有全面的抗菌活性；对烧、烫伤及创伤表面常见的细菌如金黄色葡萄球菌、大肠杆菌、绿

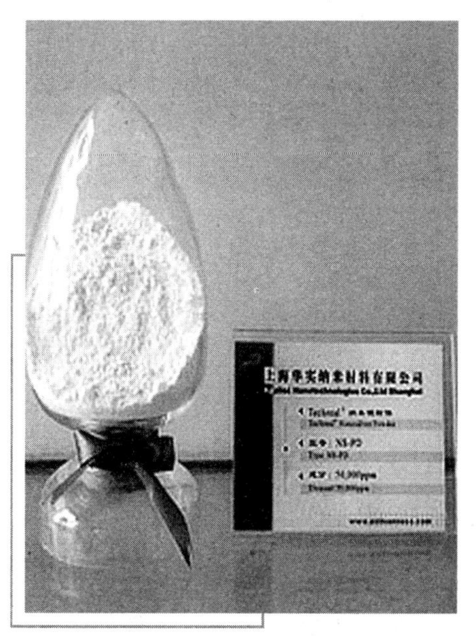

纳米银抗菌微粉

脓杆菌、白色念珠菌及其他 G +、G－性致病菌都有杀菌作用；对沙眼衣原体、引起性传播性疾病的淋球菌也有强大的杀菌作用。

一种抗生素能杀灭大约 6 种病原体，而纳米银可杀灭数百种致病微生物。对于细菌、真菌、滴虫、支原体与衣原体、淋球菌的杀菌作用强，对抗菌素耐药菌有同样杀灭作用。

**强效杀菌**

据研究发现，纳米银颗粒可在数分钟内杀死 650 多种细菌。它与病原菌的细胞壁或细胞膜结合后，能直接进入菌体，迅速与氧代谢酶的巯基（－SH）结合，使酶失活，阻断其呼吸代谢使其窒息而死。独特的杀菌机理，使得纳米银颗粒在低浓度就可迅速杀死致病菌。

**渗透性强**

纳米银颗粒具有超强的渗透性，可迅速渗入皮下 2mm 杀菌，对细菌以及真菌引起的较深处的组织感染均有良好的杀菌作用。

**修复再生**

纳米银可促进伤口愈合，促

**大肠杆菌的治疗方法**

感染大肠杆菌的临床治理方法主要属支持性治疗。若患者出现腹泻，补充失去的水分及电解质十分重要。约 50% 有肾并发症的患者在出现急性症状时需要特别治疗或输血。可使用抗革兰氏阴性菌细菌药物，但部分药物无效。

进受损细胞的修复与再生，去腐生肌，抗菌消炎并改善创伤周围组织的微循环，有效地激活并促进组织细胞的生长，加速伤口的愈合，减少疤痕的生成。

**抗菌持久**

纳米银颗粒采用纳米专利技术生产，外有一层保护膜，能在人体内能逐渐释放，起到抗菌效果。

**安全无毒**

《本草纲目》早有记载：生银，无毒。美国公共卫生局1990年《关于银毒性的调查报告》中说明：银对人体无明显毒副作用。纳米银是局部用药，银含量少，是最安全的用药方式。经试验考察发现小鼠在口服情况最大耐受量为925mg/kg，即口服相当于临床使用剂量的4625倍时，亦无任何毒性反应；而在兔的皮肤刺激实验中，也没有发现任何刺激反应。

**无耐药性**

纳米银属于非抗菌素杀菌剂，它能杀灭各种致病微生物，比抗菌素更强，10nm大小的纳米银颗粒具有独特抗菌机理，可迅速直接杀死细菌，使其丧失繁殖能力，无法产生耐药性的下一代。这样能有效避免因耐药性而导致反复发作和久治不愈。

## 中药的新契机——纳米技术

目前，传统中药在国际医药市场的销售额已达160亿美元，并以每年10%的速度递增。为此，世界各国竞相采用现代化技术研究开发传统中药，抢占国际中药市场。然而，在这每年160亿美元的中药贸易额中，我国仅占5%，且大部分为原材料，这与我国中药大国的历史地位极不相符。

这主要是因为我国的中药成品科技含量低，质量大多数达不到国际标准（如提取物粗糙、质量标准不稳定、包装简陋、剂型单调等），而且中药的重金属含量、农药残留问题及活性成分不明晰等都难为发达国家所接受。

> **趣味点击　关于生银**
>
> 亦称“老翁须”。自然生成，不经烧炼之银。明·李时珍《本草纲目·金石一·银》引苏颂曰：“生银则生银矿中，状如硬锡，其金坑中所得乃在土石中，渗漏成条，若丝发状，土人谓之老翁须。极难得。方书用生银，必得此乃真。”

为了使中药走向国际主流药品市场，更好地为世界人民服务，中药产业必须走向现代化之路，这是唯一的途径，也是时代的要求。中药的纳米化是实现中药现代化的有效手段之一。纳米中药是指运用纳米技术制造粒径小于100nm的中药有效成分、原药及其复方试剂，并在初筛中对某些矿物药材进行纳米化处理，使之出现某些新的药效。纳米中药不仅可以提高药物的生物利用度，增强临床疗效，而且携带方便，节约药源。与传统中药相比，其最大的优点就是改变了中药的药学特性。纳米中药对提高传统中药的质量水平、推动中药走出国门都具有重要意义，且为实现中药的现代化迈出了可喜的一步。



## ◎ 纳米技术在中药制造中的应用

纳米技术应用于中药制造领域，可改变传统中药“粗、大、黑”的面貌，使之成为质量稳定可控、疗效可靠、制作精良的中药。纳米中药一般颗粒粒径在1～75nm范围内，平均粒径为15nm左右。根据物理学原理，粒径在此范围内的颗粒，药效学物质基础与原普通中药饮片或制剂相比，将不会发生明显的分子结构上的变化，也不会影响中药的属性、药效特性和主治功能。纳米量级的中药只是颗粒超细化，其细化程度尚不涉及原子或分子结构层面上

纳米技术在中药制造中的应用

的变化，因此不会破坏药物的有效成分，更不会对用药的安全性构成威胁。将纳米技术应用于药物的制造领域主要有以下方面的优势。

### 提高药物的生物利用率

纳米中药最大的优势是大大提高了药物的生物利用度。从药物学原理来说，药物的溶出速度与药物的颗粒与表面积成正比，而与表面积与颗粒粒径成反比。因此，药物的粒径越小，则其表面积越大，越有助于药物有效成分的溶出。纳米中药由于其颗粒达到超细粉末的水平，颗粒比表面积显著增强，因此药物在胃肠道里的溶解度明显增加，从而增加了药物的生物利用度，并加快药物起效时间。此外，纳米颗粒的黏附性及超细的粒径，既有利于延长局部用药时滞留性的增加，也有利于延长药物与肠壁接触时间，加大接触面积，从而提高口服药物的生物利用度。

### 加快对药物的吸收

传统中药饮片往往采用煎煮的方法，目前虽已进行了中药制剂的改良，但只是提取中药所含的小部分成分，仅占总成分的 10% ~30%，使药效大受影响。使用纳米技术可充分提取中药成分，具有吸收快及使用方便等优点。

### 增强中药的药效

将药物加工成纳米级的微细粒子，病人服药时，药物就可以有针对性地直达病灶；激活中药细胞中的活性成分，直接攻击病毒、细菌；重金属、毒

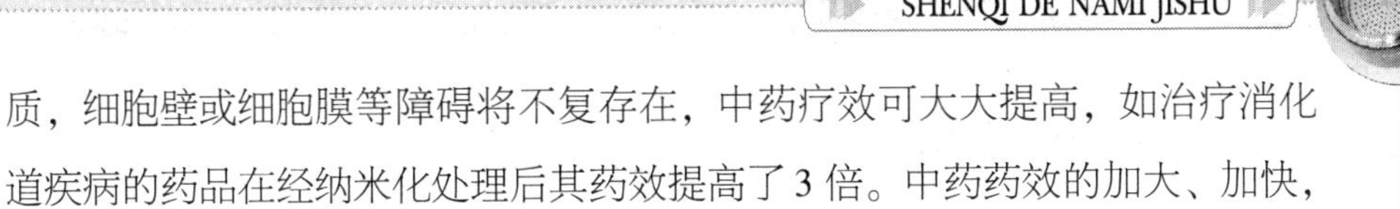

质，细胞壁或细胞膜等障碍将不复存在，中药疗效可大大提高，如治疗消化道疾病的药品在经纳米化处理后其药效提高了3倍。中药药效的加大、加快，使中药可与西药相媲美，为今后中药的发展创造了条件。

基础小知识

**重金属**

重金属原义是指比重大于5的金属，包括金、银、铜、铁、铅等，重金属在人体中累积达到一定程度，会造成慢性中毒。



**使中药具有新的功能**

将中药加工至纳米尺寸之后，其细胞内原有不能被释放出来的某些活性成分由于细胞破壁而被释放出来，有可能使纳米中药具有新的功能。此外，由于其给药途径、药物吸收方式等的改变，可能在药代动力、药效、药理、药物化学等方面产生新的作用。

**有利于中药标准化和国际化**

纳米中药制剂将重新改写中国传统的中药生产工艺、检验方法、检验标准；使传统中药在生产、治疗、创新使用上发生革命性的变化，为中药走入国际市场创造必不可少的条件。

**减少用药量**

纳米中药制剂将节约有限的中药资源，可保护环境和生态平衡，对濒危和紧缺中药资源的修复和再生起到很好的作用；保护了中药资源的可持续利用，对中药的可持续发展起了积极作用。

## ◎ 纳米中药制备技术的研究现状

为使中药面向世界，并成为新的经济增长点，应将现代的高新技术引入到中药制剂之中。随着科学技术的飞速发展，中药的现代化生产已成为现实。

纳米技术的出现使得超微粉碎成为全世界各个生产领域的先进技术，它正日益显现出强大的生命力和蕴藏的无穷财富。对于中国的国药——中草药尤为如此。可以说中药超微粉碎是中药的一次飞跃性革命。纳米粒制备的关键是控制粒子的粒径大小和获得较窄且均匀的粒度分布，减小或消除粒子团聚现象，保证用药的有效、安全和稳定。

此外，生产条件、成本、产量等也是综合考虑的因素。目前发展的纳米药物粒子的制备技术可以分为三类，即机械粉碎法、物理分散法和化学合成法。通过机械力使中药材粉碎，是使药物粒径减小的最古老方法。除传统的一些机械粉碎设备的改进，如振动磨、气流粉碎机、超声波喷雾器等之外，也开发了一些新的机械粉碎技术，如超临界流体技术、超声波技术、气穴爆破技术等先进技术。利用改进的机械粉碎技术我国已能大规模地生产钛白粉、碳酸钙、滑石粉等纳米粉。采用超声波喷雾包囊法可将中药提取物的粒径减小至 20～50nm，采用高能振动磨辅以湿法可将中药材料粉碎到几百纳米。现代粉碎技术可达到细胞破壁的效果，这对加快中药材有效成分的浸出、促进药物在生物体内的吸收有着重要的意义。

## ◎ 中药纳米化存在的问题及可能的解决途径

纳米技术的飞速发展使中药的现代化进程迈上了一个新的台阶。但是到目前为止，人类对于纳米中药的新特点和新功能的研究尚处于起步阶段，要创造出真正意义上的纳米中药，仍有许多亟待解决的问题。

**中药药效学等基础性问题的研究**

有效成分的分离提纯、药效、药理、毒理、质量标准、适应症等方面的问题，是中药研究和开发的关键问题。这些问题并不会随着纳米技术的到来而自然解决。无论中药的纳米技术将会如何发展，这些都是首要解决的问题。另外，由于中药的成分十分复杂，且作用机制不明，并不是所有的中药都可以纳米化。对中药进行纳米化处理，通过纳米粒子的改性作用，有可能在增强某效应的同时，减弱了另一种效应，或出现了新的毒副作用。这种纳米化后的中药有效成分和药效的不稳定性，给药物质量的稳定可控留下了隐患。所以在进行中药纳米化时，必须尽可能搞清楚中药的活性成分，保留其中有效成分。

**知识小链接**

**超声波**

超声波是频率高于20000赫兹的声波。它方向性好，穿透能力强，易于获得较集中的声能，在水中传播距离远，可用于测距、测速、清洗、焊接、碎石、杀菌消毒等。在医学、军事、工业、农业上有很多的应用。超声波因其频率下限大约等于人的听觉上限而得名。

**纳米中药的制备问题**

从材料学研究的角度，中药可以分为植物类、矿物类和动物类三种。采用现代粉碎制备技术，能够达到纳米级的药物一般以矿物性粉末为多；而植物类中药中一般含有较多的木质素、纤维、胶质等，粉碎难度大。并且，以剪切为主的超细粉碎在操作时，由于机械能转化为热能而使温度升高，这将导致植物类中药黏度的增加和营养成分的损失。而对动物类的脂肪或胶状物进行超细粉碎处理则会引起粘壁，堵塞粉碎进出口从而影响粉碎的进行。

据现在一些厂家及实验室的报道可知，除非采取一些特殊手段，否则药品粒径大都在500nm以上，而公认的纳米尺寸量级都在100nm以下，即使是粉碎勉强达到纳米级，其晶体最终仍会让研究者失望。因此需要在纳米化技术上有新的突破。清华大学工程力学系开发出一种冲击搅拌式超细粉碎机，用于植物茎秆果实的粉碎，产品的平均粒径为5μm以下，对干燥的物料则可实现细胞破壁。最近，我国研制出一种利用湍流原理进行粉碎的高湍流粉碎机，对中药甘草的实验表明，产品的粒径在1μm以下，对矿物药物的粉碎，则可达到100μm以下，而且粒径分布窄。有关专家预见，该技术可能为用物理方法制备纳米粒子提供高效方便的捷径。而且，该技术实现产业化的前景十分广阔。此外，通过对植物活性成分和有效成分进行提炼，并辅以超音速干燥技术，我国已成功制成了纳米中药胶囊。

**纳米尺寸效应问题**

纳米尺寸下的量子限域效应也为中药的纳米化带来了麻烦。当粒径在80～100nm时，其影响不大。但当尺寸小至2～20nm时（这也是很多药物纳米包囊的范围）药物的物理和化学性质会有很大的跳跃。对于分子质量相对很小的西药而言，这种效应基本上不很明显，但对于无机矿物性药物粒子来说影响就很大了。对于复方的复杂作用体系，也许会使中药的药效大大增强，

**拓展阅读**

**中　药**

中药即中医用药，为中国传统中医特有药物。中药按加工工艺分为中成药、中药材。中药主要起源于中国，除了植物药以外，动物药如蛇胆、熊胆、五步蛇、鹿茸、鹿角等，介壳类如珍珠、海蛤壳，矿物类如龙骨、磁石等，都是用来治病的中药。少数中药源于外国，如西洋参。

但同时药物副反应增大的可能性也很大。尤其在多数情况下，中药偏低的性价比使得用量增大，累积的副反应可能也随之增多。这一缺陷在使用剂量小时还可以忽视，在使用剂量大的时候则会使得副反应的概率增大。在这种情况下，合理的配比与精确的计量就会变得非常有必要。将中药有效成分指纹图谱技术应用于中药有效成分的检测，能够有效地控制中药材及中药成品的产品质量，保证中药质量的相对稳定。

**纳米中药的稳定性问题**

在纳米微粒的制备过程中，如何收集也是一个关键问题。纳米微粒的表面活性使它们很容易团聚在一起，从而形成带有若干弱连接界面的尺寸较大的团聚体，这给纳米微粒的收集带来了很大困难。为了防止分散的粒子团聚，可采取加入表面活性剂的方法，使其吸附在粒子表面，形成微胞状态。由于活性剂的存在而产生了粒子间的排斥力，使得粒子间不能接触，从而防止团聚体的产生。

此外，纳米中药由于粒径超细，其表面效应和粒子效应显著增强，使药物有效成分获得了高能级的氧化或还原能力，从而影响了药物的稳定性，使得药物的保存和储存难度增大。这也是一个亟待解决的技术问题。目前正在尝试采用高压充气的方法，使惰性气体分子吸附在纳米中药表面，将中药纳米粒子完全包覆起来，从而减小或消除纳米粒子的高能级氧化或还原能力。

**经济因素方面的考量**

最后，由于目前纳米颗粒制备成本过高，使得原本以质优价廉取胜的中药经纳米化处理后，可能因价格因素而难以推广。

## ◎ 有关纳米技术适用中药的展望

纳米技术应用于中药方面虽然取得了一些成果，但是并不成熟，依然存在许多亟待解决的问题，需要投入大量人力物力，做大量基础性、探索性研究工作。随着科学技术的飞跃发展，先进仪器与现代分离技术的采用，以及在中医理论的指导下，中药纳米化技术作为实现中药现代化的关键技术，必将推动我国的中药尽快地走向国际市场。

纳米技术与基因和网络为21世纪的三大科技革命，它对各个领域都产生深远的影响。中药是中华民族的瑰宝，它为我国的昌盛做出过巨大贡献。中药剂型的研究是一个长期的过程，结合纳米技术将能有效地改善传统中药剂型的弱点，给国内中药产业注入新的活力。它的市场前景广泛，社会效益及经济效益均十分显著。

## 有关纳米抗菌衣

### ◎ 纳米防螨抗菌真丝针织服装的研究

防螨整理服装是纺织品又一次与医药联姻开发的功能性纺织品，是现代医学与染整新技术相结合的边缘技术。采用抗菌剂对织物进行处理，其目的不仅是为了保持织物清洁，更重要的是为了防止传染疾病，保证人体的健康和穿着舒适，降低公共环境的交叉感染率，具有重大的社会效益。织物防螨整理是20世纪80年代才兴起的，传统上应用的试剂都是有机的防螨制剂。目前，市场上销售的防螨制剂大多存在很多问题，例如抗菌谱窄、耐久性差、安全系数低等问题。但是，纳米无机类抗菌剂克服了上述种种缺点，适合于防螨服装的开发。

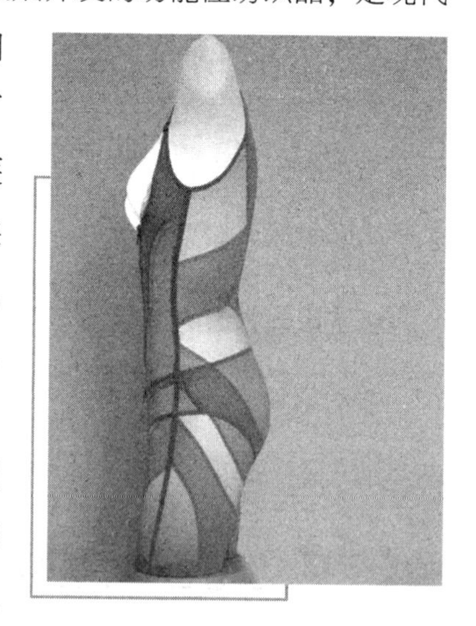
纳米抗菌保健衣

纳米技术的最大优点，除了它本身具有的优良特性外，就是它的“绿色”性，即对环境无污染。所以，纳米无机类抗菌剂除了具有优良的抗菌性能外，还具备了有机抗菌剂无法比拟的环保安全性，它对人体和环境没有任何损害。从西安交通大学教育部科技查新工作站得知：采用纳米复合技术整理，并具有防螨抗菌双重功效的针织服装，国内外尚未见到有关的文献或报道。

**纤维在建筑领域的用途**

防渗防裂纤维可以增强混凝土的强度和防渗性能。纤维技术与混凝土技术相结合，可研制出能改善混凝土性能，提高土建工程质量的钢纤维以及合成纤维。前者对于大坝、机场、高速公路等工程可产生防裂、抗渗、抗冲击和抗折性能，后者可以预防混凝土早期开裂，在混凝土材料制造初期起到表面保护作用。这些技术在公路、水电、桥梁、国家大剧院、上海市公安局指挥中心屋顶停机坪、上海虹口足球场等大型工程中已露了一手。

无臭的袜子、抗菌的被罩、自己消毒的桌布……这些曾经神奇的东西很快就要出现在人们的生活中。中关村科技园区丰台园区内有一家企业与中国纺织科学研究院共同开发的纳米层状银系无机抗菌防霉母粒及纤维，现已通过国家纺织工业局的专家鉴定。这一国内独家的产品具有广谱高效抗菌性，在国际同类研究中处于先进水平。我们可以在公司看到两件经过千百次化学、医学和洗涤实验的浅灰色样衣，用肉眼看不出有什么与众不同之处，但中科院、预防医学科学院等权威机构出具的一项检验报告证明着它们的“身价”。不出两年，人们就可以穿上这种用纳米纤维制出的抗菌内衣。

## ◎我们的生活中暗藏“危机”

据世界卫生组织统计：1995 年，全世界因细菌传染而造成死亡的人数为

1700 万人；1996 年，日本暴发病原性大肠杆菌 O－157 大面积感染事件；1997 年，发生在英国的疯牛病引起了全世界的恐慌；1999 年，发生在比利时的二恶英污染事件再度引起世界范围的关注；2003 年，先是日本、韩国、蒙古等国家纷纷闹起口蹄疫，紧接着英国再次爆发疯牛病……而据我国卫生部抽样调查显示，2003 年我国感染结核病菌的人数以亿计，结果令人触目惊心。

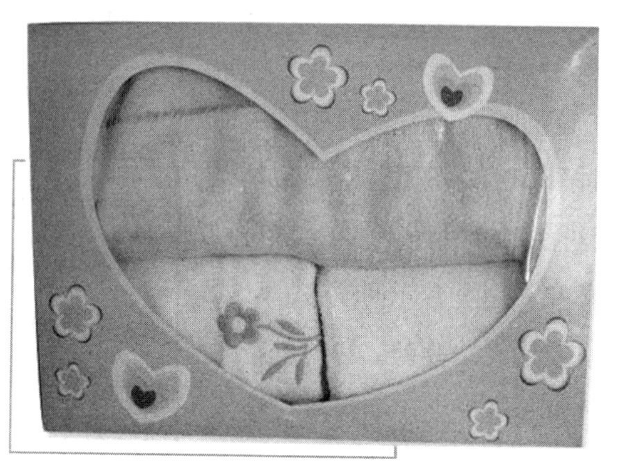

纳米抗菌纤维毛巾套装

在病菌的传播过程中，纺织品是主要的载体之一。北京护士学校的老校长张兆丰说，他出门乘公共汽车，扶把手前都要戴手套；坐出租车回家后，先要把外衣裤换下来，放到阳台晾晒……听起来有点儿夸张，但是张老师说，像淋病病菌等，完全可以通过这样的衣服间接接触而传染。有分析资料说，人穿着的服装，尤其是内衣，会沾染许多汗液、皮脂及人体分泌物，外衣也可能被不洁的环境污染。

### 口蹄疫的病理

除口腔和蹄部病变外，还可见到食道和瘤胃黏膜有水疱和烂斑，胃肠有出血性炎症，肺呈浆液性浸润，心包内有大量混浊而黏稠的液体。恶性口蹄疫可在心肌切面上见到灰白色或淡黄色条纹与正常心肌相伴而行，如同虎皮状斑纹，俗称“虎斑心”。

人类已经尝到了自己酿成的苦酒，于是积极投身改变困境的研究。中国对抗菌防臭纺织品的研究仅有 10 年时间，虽说是行当里的“小字辈”，但是发展很快。纳米抗菌纤维一经推出，就在科技领域刷新了一项抗菌纪录。

纳米粉体

在开发纳米抗菌纤维的公司总经理的办公室里，就可以看到许多瓶瓶罐罐，原来这里面装的就是神秘的纳米粉体和纤维母粒。科研人员抱着一大卷雪白的纤维介绍说，这些看似普通的纤维是用加入了纳米粉体的母粒制成的，它已经过中科院的检验，证明其对大肠杆菌、金黄色葡萄球菌的抗菌率全都达到99.9%，而且对预防淋病、肝炎病毒、螨虫有显著功效。经中国预防医学科学院对人体皮肤所做的毒理实验表明，它对人体无毒、无刺激，非常安全。

穿着这种集生物物理、材料科学、医学工程、化学工程、纺织工程等多门类技术于一身的高科技产品，有没有什么忌讳？据介绍说，它可以用任何洗涤产品进行水洗、机洗，洗后可根据主人的要求进行熨烫，无须特别照顾。只要纤维存在，它的抗菌功效就会存在。也就是说，用上纳米抗菌织物，我们可以轻松地对一些通过接触传染的常见疾病说“不”了。

**拓展思考**

### 螨　虫

螨虫属于节肢动物门蛛形纲蜱螨亚纲的一类体型微小的动物，身体大小一般都在0.5毫米左右，有些小到0.1毫米，大多数种类小于1毫米。螨虫和蜘蛛同属蛛形纲，成虫有四对足，一对触须，无翅和触角，身体不分头、胸和腹三部分，而是融合为一囊状体，有别于昆虫。虫体分为颚体和躯体，颚体由口器和颚基组成，躯体分为足体和末体。躯体和足上有许多毛，有的毛还非常长。前端有口器，食性多样。

# 纳米在科技中大放异彩

SHENQI DE NAMI JISHU

近年来科技的突飞猛进，正使梦幻一般的纳米时代提前到来，空中楼阁变成了真实的世界。很多未来学家甚至乐观地预计，纳米技术在今后二三十年内将从根本上改变人类的处境。预测表明，到2010年，全球纳米技术创造的年产值将达到14400亿美元，相当于目前法国一年的GDP。这无疑是一块诱人的“超级蛋糕”。

纳米技术已经悄悄给人类生活带来了种种变化，而对原子和分子的进一步驾驭，将引发一场比微米技术更为深远的大规模变革。在医药保健、计算机、化学和航天等性质迥异的领域，纳米技术更是将成为一种革命性技术。

## 世界纳米科技发展态势和特点

科学界普遍认为，纳米技术是21世纪经济增长的一台主要的发动机，其作用可使微电子学在20世纪后半叶对世界的影响相形见绌，纳米技术将给医学、制造业、材料和信息通信等行业带来革命性的变革。因此，近几年来，纳米科技受到了世界各国尤其是发达国家的极大重视，并引发了越来越激烈的竞争。

### ◎ 各国竞相出台纳米科技发展战略和计划

由于纳米技术对国家未来经济、社会发展及国防安全都具有重要意义，世界各国纷纷将纳米技术的研发作为21世纪技术创新的主要驱动器，相继制定了发展战略和计划，以指导和推进本国纳米科技的发展。目前，世界上已有五十多个国家制定了国家级的纳米技术计划。一些国家虽然没有专项的纳米技术计划，但其他计划中也包含了与纳米技术相关的研发。

#### （1）发达国家和地区雄心勃勃

为了争得纳米科技的先机，美国早在2000年就率先制定了国家级的纳米技术计划（NNI），其宗旨是整合联邦政府各机构的力量，加强各机构在开展纳米尺度的科学、工程和技术开发工作方面的协调。2003年11月，美国国会又通过了《21世纪纳米技术研究开发法案》，这标志着纳米技术已成为联邦政府的重大研发计划。此计划将从基础研究、应用研究到基础设施、研究中心的建立以及人才的培养等方面全面展开。

日本政府将纳米技术视为“日本经济复兴”的关键。第二期科学技术基本计划将生命科学、信息通信、环境技术和纳米技术作为四大重点研发领域，并制定了多项措施确保这些领域所需战略资源（人才、资金、设备）的落实。之后，日本科技界较为彻底地贯彻了这一方针，积极推进从基础性到实用性的研发，同时跨省厅重点推进能有效促进经济发展和加强国际竞争力的研发。

欧盟在 2002 ~ 2007 年实施的第六个框架计划也对纳米技术给予了空前的重视。该计划将纳米技术作为一个最优先的领域，有 13 亿欧元作为经费专门用于纳米科技、多功能材料、新生产工艺和设备等方面的研究。欧盟委员会还力图制定欧洲的纳米技术战略，目前，已确定了促进欧洲纳米技术发展的五个关键措施：增加研发投入，形成势头；加强研发基础设施；从质和量方面扩大人才资源；重视工业创新，将知识转化为产品和服务；考虑社会因素，趋利避险。另外，包括德国、法国、英国在内的多数欧盟国家还制定了各自的纳米技术研发计划。

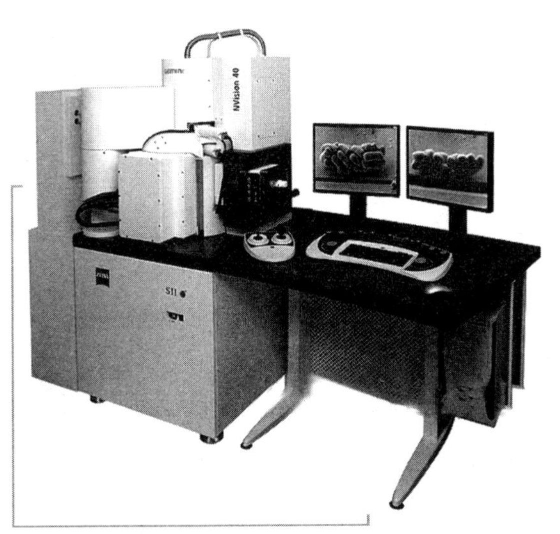


**日本 sii 纳米科技的研发**

#### 新兴工业化经济体瞄准先机

当西方发达国家的政府均意识到纳米技术将会给人类社会带来巨大影响的同时，韩国、中国台湾等新兴工业化经济体，为了保持竞争力，也纷纷制定纳米科技发展战略。韩国政府 2001 年制定了《促进纳米技术十年计划》，2002 年颁布了新的《促进纳米技术开发法》，2003 年又颁布了《纳米技术开发实施规则》。韩国政府的政策目标是融合信息技术、生物技术和纳米技术这三个主要技术领域，以提升前沿技术和基础技术的水平。

中国台湾自 1999 年开始，相继制定了《纳米材料尖端研究计划》、《纳米科技研究计划》。这些计划以人才和核心设施建设为基础，以追求“学术卓越”和“纳米科技产业化”为目标，意在引领台湾知识经济的发展，建立产业竞争优势。

**趣味点击　台湾名字的由来**

在有据可查的史料上，“台湾”这一名称的出现不过三百多年。九州中的扬州管辖范围北至淮河，东面至海。书中的“岛夷卉服”就是指台湾。康熙三十三年（1642 年）高拱乾主修的《台湾府志》中表示，夏商时期的扬州包括台湾。日本学者尾崎秀真也认为“岛夷”就是台湾最早的名称。“岛夷”，台湾的第一个名称。

**发展中大国奋力赶超**

综合国力和科技实力较强的发展中国家为了迎头赶上发达国家纳米科技发展的势头，也制定了自己的纳米科技发展战略。中国政府在 2001 年 7 月就发布了《国家纳米科技发展纲要》，并先后建立了国家纳米科技指导协调委员会、国家纳米科学中心和纳米技术专门委员会。目前正在制定中的《国家中长期科技发展纲要》将明确中国纳米科技发展的路线图，确定中国在目前和中长期的研发任务，以便在国家层面上进行指导与协调，集中力量、发挥优势，争取在几个方面取得重要突破。鉴于未来最有可能的新兴技术浪潮是纳米技术，印度政府也通过加大对从事材料科学研究的科研机构和科研项目的支持力度，加强材料科学中具有广泛应用前景的纳米技术的研究和开发。

## ◎ 纳米科技研发投入一路攀升

纳米科技已在国际间形成研发热潮，现在无论是富裕的发达国家还是渴望富裕的发展中国家，都在对纳米科学与技术工程投入巨额资金，而且投资

迅速增加。据欧盟2004年5月的一份报告称，在过去10年里，全世界对研发纳米技术的公共投资从1997年的约4亿欧元增加到了30亿欧元以上。私人的纳米技术研究投资估计为20亿欧元。这说明，全球对纳米技术研发的年投资已达50亿欧元。

美国对纳米技术的公共投资最多。联邦政府的纳米技术研发经费从2000年的2.2亿美元增加到2003年的7.5亿美元，2005年更增加到9.82亿美元。更重要的是，根据《21世纪纳米技术研究开发法》，在2005～2008年财政年度联邦政府对纳米技术投入了37亿美元，这还不包括国防部及其他部门将用于纳米技术研发的经费。

目前日本是仅次于美国的第二大纳米技术投资国。日本早在20世纪80年代就开始支持纳米科学研究，近年来政府对纳米科技研发的投入增长迅速，从2001年的4亿美元激增至2003年的近8亿美元，2004年又增长了20%。

在欧洲，根据第六个框架计划，欧盟对纳米技术研发的资助每年约达7.5亿美元，有些人估计资助总额可达9.15亿美元。另有一些人估计，欧盟各国和欧盟理事会对纳米技术研究的总投资可能高于美国两倍，甚至更高。

今后5年内我国中央政府对纳米技术研究的经费支出将达到2.4亿美元左右。中国台湾从2002～2007年间在纳米技术相关领域投资了6亿美元，且每年稳中有增，平均每年增1亿美元。韩国每年对纳米技术的投入预计约为1.45亿美元，而新加坡则达3.7亿美元左右。

就纳米科技研究经费人均公共支出而言，欧盟27国为人均2.4欧元，美国为人均3.7欧元，日本为人均6.2欧元。可见在发达国家中，日本对于纳米科研究的人均公共支出金额最高。

另外，据致力于纳米技术研究的美国鲁克斯资讯公司2004年发布的一份年度报告称，很多私营企业对纳米技术研究的投资也快速增加。美国的公司在这一领域的投入约为17亿美元，占全球私营机构38亿美元纳米技术投资总额的46%；亚洲企业的投资为14亿美元，占36%；欧洲私营机构的投资为

6.5亿美元，占17%。由于投资的快速增长，纳米技术的创新时代必将到来。

## ◎ 世界各国纳米科技发展各有千秋

根据目前世界各国的纳米科技发展情况，我们可以发现美国虽具有一定的优势，但现在尚无确定的赢家和输家。

**在纳米科技论文方面，日、德、中三国不相上下**

根据中国科技信息研究所进行的关于纳米论文的统计结果，2000～2002年，共有40370篇纳米科技研究论文被《2000～2002年科学引文索引(SCI)》收录。纳米科技研究论文数量逐年增长，且增长幅度较大，2001年和2002年的增长率分别达到了30.22%和18.26%。

而从2000～2002年全球纳米科技研究论文发表情况来看，美国以较大的优势领先于其他国家，3年累计论文数超过10000篇，几乎占全球相关论文总数的30%。日本（12.76%）、德国（11.28%）、中国（10.64%）和法国（7.89%）位居其后，它们各自的论文发表总数都超过了3000篇。而且以上5国在2000～2002年间每年的纳米科技论文产出量大都超过了1000篇，是纳米科学研究最活跃的国家，也是纳米科技研究实力最强的国家。中国的增长幅度最为突出，2000年中国纳米科

**关于俄罗斯的历史**

俄罗斯历史始于东斯拉夫人，亦是后来的俄罗斯人、乌克兰人和白俄罗斯人。基辅罗斯是东斯拉夫人建立的第一个国家。988年开始，东正教从拜占庭帝国传入基辅罗斯，由此拉开了拜占庭和斯拉夫文化的融合，并最终形成了占据未来700年时间的俄罗斯文化。13世纪初，基辅罗斯被蒙古人占领后，最终分裂成多个国家，这些国家都自称为是俄罗斯文化和地位的正统继承人。

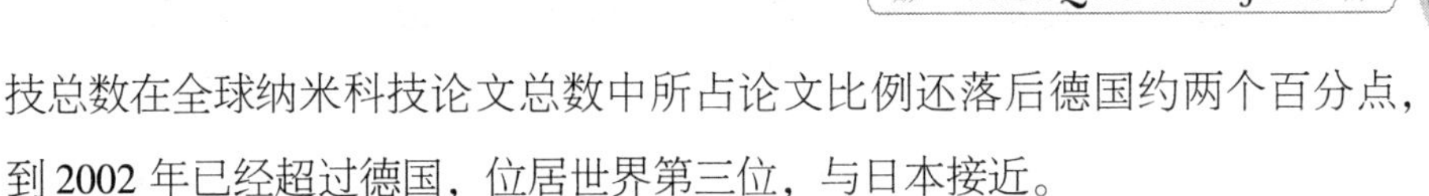


技总数在全球纳米科技论文总数中所占论文比例还落后德国约两个百分点，到 2002 年已经超过德国，位居世界第三位，与日本接近。

除了上述 5 国以外，英国、俄罗斯、意大利、韩国、西班牙发表的论文数量也较多，各国 3 年累计发表论文总数都超过了 1000 篇，且每年发表的论文数均可以进入全球纳米科技论文发表总数排行榜前十名。这 5 个国家可以列为纳米科技研究较活跃的国家。

另外，如果欧盟各国作为一个整体，其论文发表数量则超过 36%，高于美国的 29.46%。

### 在申请纳米技术发明专利方面美国独占鳌头

据统计：美国专利商标局 2000 ~ 2002 年共受理 2236 项关于纳米技术的专利。其中申请专利最多的国家是美国（1454 项），其次是日本（368 项）和德国（118 项）。由于专利数据来源美国专利商标局，所以美国的专利数量非常多，所占比例超过了 60%。日本和德国分别以 16.46% 和 5.28% 的比例列在第二位和第三位。英国、韩国、加拿大、法国和中国台湾的申请专利数也较大，所占比例都超过了 1%。

专利反映了研究成果实用化的能力。多数国家纳米科技论文数与申请专利数反差较大，在论文数最多的 20 个国家和地区中，专利数超过论文数的国家和地区只有美国、日本和中国台湾。这说明，很多国家和地区在纳米技术的研究上具备一定的实力，但比较侧重于基础理论研究，而理论转化为实际应用的能力较弱。

### 就整体而言纳米科技大国各有所长

美国科学界对纳米技术的应用研究在半导体芯片、癌症诊断、光学新材料和生物分子追踪等领域快速发展。随着纳米技术在癌症诊断和生物分子追踪中的应用日益深入，目前美国科学界对纳米技术的研究热点已逐步转向医学领域。医学纳米技术已经被美国政府列为国家的优先科研计划。在纳米医学方面，纳米传感器可在实验室条件下对多种癌症进行早期诊断，而且，已能在实验室条件下对前列腺癌、直肠癌等多种癌症进行早期诊断。2004年，美国国立卫生研究院癌症研究所专门出台了一项《癌症纳米技术计划》，目的是将纳米技术、癌症研究与分子生物医学相结合，实现2015年消除癌症死亡和痛苦的目标。利用纳米颗粒追踪活性物质在生物体内的活动也是一个研究热门，它对于研究艾滋病病毒、癌细胞在人体内的活动情况具有现实意义，同时还可以用来检测药物对病毒的作用效果。利用纳米颗粒追踪病毒的研究也已有实质性成果，未来5～10年有望将这一技术商业化。

虽然医学纳米技术正成为纳米科技的新热点，但是纳米技术在半导体芯片领域的应用仍然引人关注。美国科研人员正在加紧纳米级半导体材料晶体管的应用研究，期望突破传统的极限，让芯片体积更小、速度更快。纳米颗粒的自组装技术是这一领域中最受关注的地方。不少科学家试图利用化学反应来合成纳米颗粒，并按照一定规则排列这些颗粒，使其组合成为体积小而运算快的芯片。这种技术有望取代传统光刻法制造芯片的技术。在光学新材料方面，目前已研制出可控直径5纳米到几百纳米、可控长度达到几百微米的纳米导线。

日本纳米技术的研究开发实力强大，某些方面处于世界领先水平，但尚未脱离基础和应用研究阶段，距离实用化还有相当长的一段路要走。在纳米技术的研发上，日本最重视的是应用研究，尤其是纳米新材料研究。除了碳纳米管外，日本开发出多种不同结构的纳米材料，如纳米链、中空微粒、多层螺旋状结构、富勒结构套富勒结构、纳米管套富勒结构、酒杯叠酒杯状结构等。

日本高度重视开发检测和加工技术。目前广泛应用的扫描隧道显微镜、原子力显微镜、近场光学显微镜等的性能不断提高，并涌现了诸如数字式显微镜、内藏高级照相机显微镜、超高真空扫描型原子力显微镜等新产品。科

学家村田和广成功开发出亚微米喷墨印刷装置，能应用于纳米领域，在硅、玻璃、金属和有机高分子等多种材料的基板上印制细微电路，是世界最高水平。

日本企业、大学和研究机构积极在信息技术、生物技术等领域内为纳米技术寻找用武之地，如制造单个电子晶体管、分子电子元件等更细微、更高性能的元器件和量子计算机，解析分子、蛋白质及基因的结构等。不过，这些研究大都处于探索阶段，实际研究成功的成果为数不多。

欧盟在纳米科学方面颇具实力，特别是在光学和光电材料、有机电子学和光电学、磁性材料、仿生材料、纳米生物材料、超导体、复合材料、医学材料、智能材料等方面的研究能力较强。

知识小链接

**超导体**

在足够低的温度和足够弱的磁场下，其电阻率为零的物质。一般材料在温度接近绝对零度的时候，物体分子热运动几乎消失，材料的电阻趋近于0，此时称为超导体，达到超导的温度称为临界温度。

中国在纳米材料及其应用、扫描隧道显微镜分析和单原子操纵等方面研究较多，主要以金属和无机非金属纳米材料为主（约占80%）。高分子和化学合成材料也是我国纳米技术研究中一个重要课题，而我国在纳米电子学、纳米器件和纳米生物医学的研究水平方面与发达国家有明显差距。

## ◎纳米技术产业化步伐加快

目前，纳米技术产业化尚处于初期阶段，但纳米技术展示了其巨大的商业前景。据统计：2004 年全球纳米技术的年产值已经达到 500 亿美元，2010 年达到 14400 亿美元。为此，各纳米技术强国为了尽快实现纳米技术的产业

化，都在加紧采取措施，促进产业化进程。

美国国家科研项目管理部门的管理者认为，美国大公司自身的纳米技术基础研究不足，导致美国在该领域的开发应用缺乏动力。因此，尝试建立一个由多所大学与大企业组成的研究中心，希望借此使纳米技术的基础研究和应用开发紧密结合在一起。美国联邦政府与加利福尼亚州政府一起斥巨资在洛杉矶地区建立一个“纳米科技成果转化中心”，以便及时有效地将纳米科技领域的基础研究成果应用于产业界。该中心的主要工作有两项：一是进行纳米技术基础研究；二是与大企业合作，使最新的基础研究成果尽快实现产业化。其研究领域涉及纳米计算、纳米通讯、纳米机械和纳米电路等许多方面，其中不少研究成果将被率先应用于美国国防工业。

美国的一些大公司也正在认真探索利用纳米技术改进其产品和工艺的潜力。IBM、惠普、英特尔等一些 IT 公司有可能在近期内取得突破，并生产出商业产品。一个由微电子工业、商业和学术组织组成的网络在迅速扩大，其目的是共享信息，促进联系，加速纳米技术应用。

基础小知识

**富士通**

富士通公司于 1935 年在日本以生产电信设备起家，1954 年开发出日本第一台中继式自动计算机后开始跨足信息产业。其间随着个人化信息处理技术、网络多媒体技术、业务集约在因特网潮流的兴起，富士通以不断创新的高科技形象享誉日本和全球。

日本企业界也加强了对纳米技术的投入。关西地区已有近百家企业与 16 所大学及国立科研机构联合，不久前又召开了“关西纳米技术推进会议”，以大力促进本地区纳米技术的研发和产业化进程。东丽、三菱、富士通等大公

司更是纷纷斥巨资建立纳米技术研究所，试图将纳米技术融入各自从事的产业中。

欧盟于2003年建立纳米技术工业平台，推动纳米技术在欧盟成员国的应用。欧盟委员会指出：建立纳米技术工业平台的目的是使工程师、材料学家、医疗研究人员、生物学家、物理学家和化学家能够协同作战，把纳米技术应用到信息技术、化妆品、化学产品和运输领域，生产出更清洁、更安全、更持久和更“聪明”的产品，同时减少能源消耗和垃圾排放。欧盟希望通过建立纳米技术工业平台和增加纳米技术研究投资，使其在纳米技术方面尽快赶上美国。

为了促进纳米技术研发成果的转化，2000年12月，中国成立了第一个国家纳米技术产业化基地。该基地集中了国内一流的纳米技术研究机构和专家，并正在筹建世界级的国家纳米技术研究院。基地的发展目标是成为世界级的纳米技术科学城，孵化出一批世界级的高新技术企业，培养出一批世界级的纳米技术专家和现代企业家，把基地建成为一个综合的、跨学科的、市场化的、开放的、流动的现代化“纳米产业集群”。2003年8月，中国科学院纳米技术产业化基地宣告成立。该基地由中国科学院和多家纳米技术企业组成，将以产业化开发为主，兼顾应用研究与基础研究。

美国《技术评论》杂志在其“创新专栏”中报道纳米技术进展时指出：在世界各国加快纳米技术商业化步伐的同时，亚洲一些国家已明显处于领先地位。中国、日本、韩国和新加坡等国政府都投入重金发展纳米技术，其目的是要开发包括超灵敏诊断技术以及超级计算机等在内的众多产品。密歇根州立大学的纳米技术专家托马奈克称，中国、日本和韩国等国家将在未来几年内成为世界纳米技术的领头羊。在纳米技术的某些领域，这三个国家都处于领先地位。

## 纳米科技下的微电子与计算机

电脑是20世纪的一大发明。由于纳米材料和纳米技术的出现，由纳米结构技术支持和纳米材料组装成的新一代电脑将是21世纪的最重大的科技发明之一。

纳米电脑的核心元件就是纳米芯片，分别有蛋白质芯片、DNA芯片。这种蛋白质芯片体积小，元件密度高，据测它的密度每平方厘米达1015～1016个，比硅片集成电路高3～5个数量级，其存储量可达到普通电脑的10亿倍。DNA芯片又称基因芯片，在1立体毫米晶片上可含100亿比特，运算速度更达到每秒100亿次，比现有的电脑快近100万倍。电脑芯片的不断更新将使电脑更加智能化，同时提高因特网的速度并大大促进电子商务，高清电视和无线通信的发展。

在新型的纳米芯片支持下，纳米级电脑包括了所谓超导电脑、化学电脑、光电脑、生物电脑（其中DNA电脑运算速度快，它几天的运算量就相当于目前世界上所有计算机问世以来总运算量）、量子电脑（其基本元件就是原子和分子）、神经电脑（用许多微处理机模仿人脑的神经元结构，采用大量的并行分布式网络就构成神经电脑，又称为人工大脑）。

### ◎纳米字母和元件微乎其微

纳米技术最早引起人们关注的是纳米技术的杰作——纳米字母。1989年，IBM公司的研究人员利用隧道扫描显微镜的探针移动氙原子，成功地将氙原子拼成了该公司的字母商标——“IBM”。紧接着，又成功地移动48个铁原子，排列组成了两个汉字——“原子”。1996年，IBM公司设在瑞士的苏黎世研究所又成功研制出世界上最小的纳米算盘，它的算子仅有百万分之一毫米大小，是由碳原子连接成的球状分子碳60组成，他们发明的这种移动单个原子或者分子的技术，为新一代电子元器件的研制开辟了无限美好的前景。

美国普林斯顿NEC研究所和赖斯大学的科学家成功地研制出纳米管。这是一种把碳气化之后用钴和镍进行处理而获得的长分子串，有很强的导电性，其强度比铜高100多倍，重量仅是铜的1/6。这种纳米管非常微小，5万个纳米管排列起来，也只有一根头发丝那么粗。纳米管是一种很理想的导体，是制造纳米元件、超微导线和超微开关的首选材料。采用体积缩小了几百倍的纳米管元件代替硅芯片，将引发计算机领域的革命。美国国家航天和宇航局艾姆斯研究中心的迪帕克·斯里瓦斯塔瓦正在研制一种连接纳米管的方法。用这种方法连接的纳米管可以用作芯片元件，发挥电子开关、放大和调谐的功能。

纳米字母的形象图

斯里瓦斯塔瓦博士指出："我们利用一种超级计算机的模拟技术复制这些碳丝元件。实验表明，我们有望制造出这种全新的纳米元件。我们曾经使用量子分子力学方法，也就是使用一种全程跟踪变化的计算机模拟技术，成功地预测了分子结构。因此，纳米元件的制造成功是大有希望的。"

目前，尽管斯里瓦斯塔瓦博士提出的解决方案可能只存在于超级计算机模拟实验中，但是不能排除的可能性是，在传统的计算机中运行的芯片的尺寸，被纳米元件取代后将会变得像头发丝那样细小。

## ◎ 纳米涂层显像管大显身手

在普通显像管上涂一层纳米材料，可以有效地防止电视机和显示器的静电、眩光和辐射。我国以前使用的这种纳米涂层材料全部依赖进口，山东烟台有企业研制了一种新型纳米材料，打破了外国企业在该领域的垄断地位。这种国产纳米涂层材料将会大大降低彩电显像管的生产成本，增强国际市场竞争力。近年来，在国际市场上大力提倡绿色环保型纯平彩管，促进了防静电，防眩光和防辐射的纳米涂层材料的研制。我国目前已建和正在兴建的彩管生产线，对纳米涂层材料的年需求量近千吨，市场价值超过 2 亿美元。

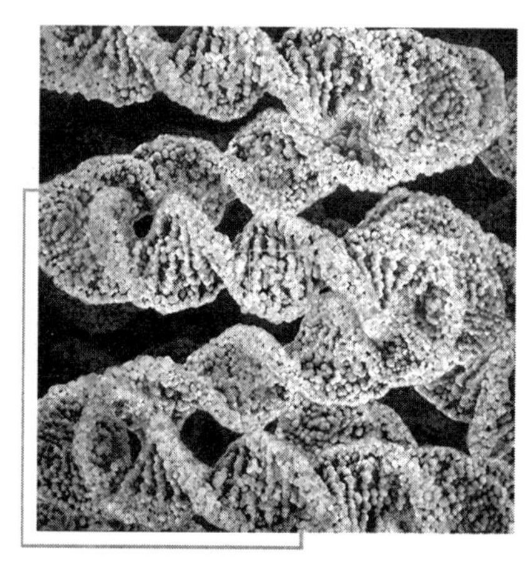

1NM 的显像管纳米涂层

## ◎ 纳米级新型电路设计

在现代电子产品的设计中，由于电子电路变得越来越紧凑，许多导线紧密地缠绕在一起，彼此之间存在信号相互干扰，导致整个电路的运行速度减慢，严重时甚至会发生电路短路。为了解决这个问题，美国珀杜大学电气与计算机工程系副教授考希克·罗发明了一种新颖的纳米级电路，能够显著减少导线之间的相互干扰，大大提高电路

### 烟台的方言

烟台方言属胶辽官话，在山东地区比较特别，辽东半岛地区的方言很受烟台话的影响，尤其是大连、丹东等地区的方言，与烟台话非常相似。

运行效率，并且降低电路制作成本。

与传统的电路设计不同的是这种新的设计巧妙地避免了产生干扰的两种主要因素：一种是纤细的金属导线经常重叠；另一种是两根紧紧相邻的平行导线内的电流方向相反。正是这两种因素使得两根导线间存在电容量，也就是说在两根导线绝缘材料之间产生了无用的电量，从而影响了整个电路的运行，降低电路的运行速度，甚至会在某个特定条件下导致电路故障。在新一代电路设计中，电容问题已经成为技术瓶颈之一，因为这些电路的功率比常规电路更低。为此，在电动汽车的设计中采用的轻型电池，由于导线之间的互相干扰而引发的故障率比常规电路更高。

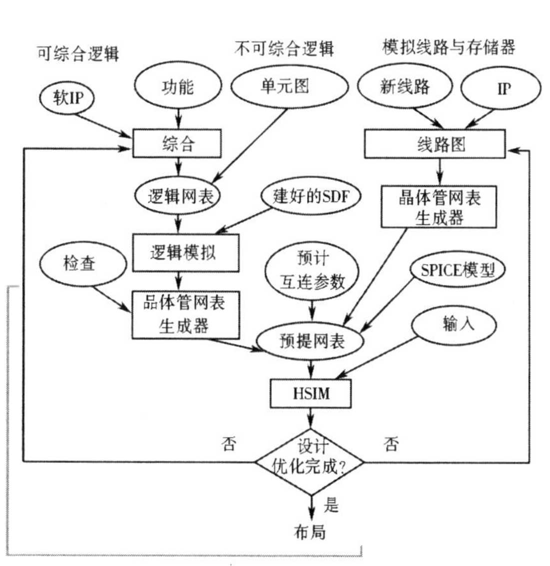


**纳米集成电路设计的示意图**

考希克·罗在设计电路时，将线圈的紧密度降低，并且将平行导线内的电流运动方向改为同一方向，从而使导线之间的电容量大为降低。考希克·罗将这种技术用来设计纳米级电路，大获成功。他还设计出一种计算机模块来预测电路设计效果，引起了同行们的瞩目，著名纳米科学家特德认为这种纳米级新型电路设计是一种极具应用前景的新设计方法。

## ◎ DNA 连接纳米电子器件

在实验室制造纳米电子器件时，遇到的最困难的问题是如何制造细小的纳米金属导线，以便用这种极其细小的金属导线把纳米元件连接起来。

当制造纳米金属导线遇到技术瓶颈后，科学家们另辟蹊径，找到了用

DNA 分子连接纳米电子器件的新方法。

以色列技术研究所的科学家们最近发现，DNA 链可用作生长微型电线的模板。科学家们使用一个 DNA 分子就能够成功地将一根银导线吊装在两个金电极之间的微小间隙上，这种新技术可用于生产纳米级电子器件。

DNA 模板可解决生产纳米电子器件中最大的难题，这是因为纳米电子器件的一个重要特性是能够实现自装配，即这种 DNA 桥可以自动粘附到电极的黏端。特定的黏端可用于在特定电极间导线的吊装，使纳米工程师可完全控制元件的连线。如何正确连线往往是工程师们遇到的最棘手问题之一。

目前科学家们面临的挑战是如何采用最有效、最廉价的方法制造出纳米器件。科学家们认为最好的方法是自组装，即原子和分子按照一定的方式自行排列，形成某种功能。如果原子和分子能够自行组合排列，就不必动用巨大复杂的机器设备对原子进行逐个排列，而使它们形成一定结构，从而达到“讨好而又不费力”的效果。

## ◎ 纳米技术芯片控制元件

德国埃森大学两名科学家通过控制金原子团的二维有序结构，日前成功研制出一款世界上最小的微电子芯片元件。这项成果可以大大提高芯片的集成度，降低芯片能耗。这是纳米技术在微电子

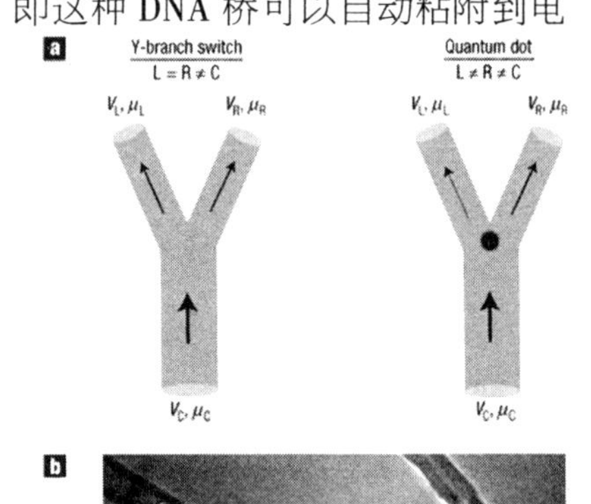

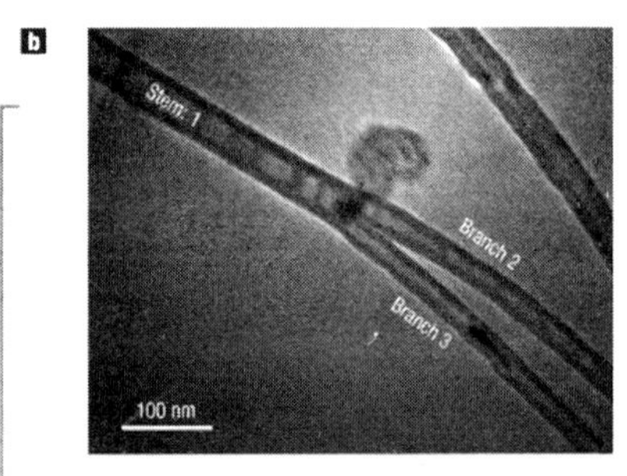

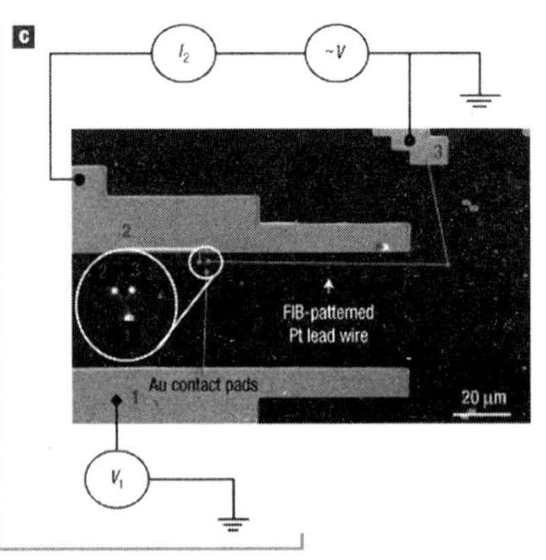


新型的纳米电路

应用领域的重大突破。

**知识小链接**

**埃森大学**

1972年创立的埃森大学曾是首家尝试把职业教育、学术专门教育和科研一体化的大学。埃森大学的专业设置广泛，既有面向实际的专科科目，也有侧重学术化的大学科目。



微电子技术发展至今，其芯片元件最小的尺寸是45nm，是目前微电子材料技术工艺可以达到的极限。为了研制出硬件结构所需要的更小的元件，科学家们开始将注意力转移到金属原子团所呈现的量子效应的电子特性，制造出更小的纳米级元件。

用金属原子团制成的一个晶体管元件仅有10nm，在它里面的金原子团只有1.4nm。目前市场上销售的计算机芯片最小的晶体管尺寸是45nm，每个元件过程通过的电子数量约为10万个，而采用金属原子团制造的晶体管元件，其过程仅通过1个电子，因而能够极大地降低能耗，具有广阔的应用前景。

## ◎纳米粒子显示器呼之欲出

高清晰度纳米粒子显示器拥有极佳的图像质量，但是其高昂的价格却令人望而却步。不过这种情况很快就会改观，这是因为基于纳米粒子（粒径50nm）的几款新型纳米显示器即将走向成熟。纳米粒子显示器不仅价格低廉，而且屏幕很薄，其图像的清晰度和亮度比现有的LED显示器更高。

美国的研究人员正在开发的纳米粒子显示器，采用氧化钆或氧化钇制成栅网屏，这些氧化物中所含的稀土元素在电场作用下会发出亮光，其中如果含铕会发出红光，含铽会发出绿光，含铥会发出蓝光。另一种显示技术则是用纳米粒子制成发光二极管薄模显示器，拟用于军用飞机。在这种情况下，研究人员发现，纳米粒子的长度尺寸可影响发光的颜色，由镉和碲组成的 2nm 粒子会发出绿光，而其 5nm 的粒子则会发出红光。

为了使纳米粒子显示器实用化，可以用一种尺寸比头发丝的十万分之一还要细小的纳米管来传送电子，以取代传统平板显示器中所用的笨重的电子枪，传统的影像是依赖电子枪发射的电子在显示器里形成图像。密歇根州立大学的科学家在每个像素上装上了大量的纳米管，每个纳米管都可以向该像素发射一个电子。

无论采用哪一种方法，使用纳米粒子发光体都可以达到节能的效果。纳米粒子发光体的能量利用率高达 90%，而传统的平板显示器仅为 17%。手提 DVD 机如果采用纳米粒子显示器，由于屏幕节能效果很好，它每充电一次就可连续放映两三部电影。

## ◎ 纳米电脑不是梦

美国迈特公司的纳米技术权威詹姆斯·埃伦博根曾做出的预测语惊四座："在不久的将来，可以通过重新排列磁盘上的分子制造出分子芯片，并且在这个基础上进一步研制出体积只有针头大小的纳米计算机，这种纳米计算机的各个部件比我们现今使用的在磁盘驱动器上装载信息的计算机小得多。因此，在不久的某一天，我们将能够像今天下载软件一样从网络上下载硬件。"

由加利福尼亚大学和惠普实验室组成的研究小组找到了一种自行组装的"逻辑门"。惠普实验室研究人员菲利普·库克斯说："这个研究小组下一步的目标是缩小芯片上的线路。旨在生产出'单边为 10nm 的芯片'。"他还说："目前的生产成本之所以非常昂贵，是

纳米电脑不再是梦

因为生产机械需要有极高的精确度。但是采用化学方法制造，我们可以生产出长卷，然后只需切成小块就行了。”

迈特公司埃伦博根领导的研究人员在2001年8月中旬取得的成果是设计出一种用于组装纳米制造系统的微型机器人。其长度约为5毫米。如果能利用纳米制造技术使这种机器人的体积不断缩小，它最终的体积可能不会超过灰尘的微粒体积。

### 拓展思考

**机器人**

现在，国际上对机器人的概念已经逐渐趋近一致。一般来说，人们都可以接受这种说法，即机器人是靠自身动力和控制能力来实现各种功能的一种机器。联合国标准化组织采纳了美国机器人协会给机器人下的定义：“一种可编程和多功能的操作机，或是为了执行不同的任务而具有可用电脑改变和可编程动作的专门系统。”它能为人类带来许多方便之处。

体积如此微小的机器人可以用于操纵单个原子，并启发人们做出如下的种种假设：成群的肉眼看不见的微型机器人在地毯上或书架上爬行，把灰尘分解成原子，使原子复原成餐巾、肥皂或纳米计算机等等东西。

按照科学家们目前掌握的技术来看，虽然用原子制造计算机仍然是一个相当遥远的梦想，但是埃伦博根认为很快就能取得一定的进展，在几年内会获得重大突破。埃伦博根是否所言不虚，人们拭目以待。

## 神奇——纳米隐身涂料

纳米材料这一概念形成以后，世界各国都给予了极大关注。它所具有的独特的物理和化学性质，使人们意识到它的发展可能给物理、化学、材料、生物、医药等学科的研究带来新的机遇。

近年来，纳米技术在化工领域得到了一定的应用，其中包括在涂料工业中的应用。据统计，在发达的工业国家，涂料的产值约占化学工业年产值的10%。这不仅是因为涂料工业投资小、见效快、经济效益高，更重要的是涂料在发展现代工业方面起着非常重要的辅助作用。借助于传统的涂层技术，添加纳米材料，可获得纳米复合体系涂层，实现功能的飞跃。因此，纳米材料的开发为涂料工业的发展，为提高涂料性能并赋予其特殊功能开辟了一条新途径。

1. 纳米二氧化硅在涂料中的应用。纳米 $SiO_2$ 是无定型白色粉末（指其团聚体），表面存在不饱和的残键及不同键合状态的羟基，其分子状态呈三维链状结构。一般来讲，纳米粒子表面相互聚集的氢键之间的作用力不强，易以剪切力使其分开。然而，这些氢键会在外部剪切力消除后迅速复原，使其结构迅速重组。这种依赖时间与外力作用且容易回复原状的剪切力弱化反应，称为“触变性”。触变性是纳米二氧化硅改善传统涂料各项性能的主要因素。在建筑内外墙涂料中，添加纳米二氧化硅，可以明显改善涂料的开罐效果，涂料不分层，具有触变性，防流挂，施工性能良好，尤其是抗沾污性大大提高，具有优良的自清洁能力和附着力，有报道称耐擦洗性达10000次以上。在车辆和船舶涂料中，添加纳米二氧化硅是提高涂层光洁度和抗老化性能的关键环节，涂层干燥时，纳米二氧化硅能很快形成网络结构，使其耐老化性能、光洁度及强度成倍提高。纳米微粒具有大颗粒所不具备的特殊光学性能，而且普遍存在“蓝移”现象。经分光光度仪测试表明，纳米二氧化硅具有极强的紫外吸收、红外

纳米二氧化钛

反射特性，对波长在400nm以内的紫外光吸收率达70%以上，对波长400nm以内的红外光反射率也达70%以上。它添加在涂料中，能对涂料形成屏蔽作用，达到抗紫外线辐射和热老化的目的，同时增加涂料的隔热性。中国科学家徐国财等人通过纳米微粒填充法，将纳米二氧化硅掺杂到紫外光固化涂料中。实验表明，纳米二氧化硅减弱了紫外光固化涂料吸收UV辐照的强度，从而降低了光固化涂料的固化速度，但可明显提高紫外光固化涂料的硬度和附着力。

2. 纳米二氧化钛在涂料中的应用。纳米二氧化钛是20世纪80年代末发展起来的主要纳米材料之一。纳米二氧化钛的光学效应随粒径而变，尤其是纳米金红石型二氧化钛具有随角度变色效应，在汽车面漆中，是最重要和最具有发展前途的效应颜料。将纳米二氧化钛添加在轿车用金属闪光面漆中，能使涂层产生丰富而神秘的色彩效果。纳米二氧化钛除提高轿车漆装饰效果外，由于其具有吸收紫外线的效应，可明显提高轿车车漆的耐候性。在建筑外墙涂料中，添加适量纳米二氧化钛，也可以将乳胶漆的耐候性提高到一个新的等级。随着现代工业的迅猛发展，环境污染问题日益严重，特别是氮化物及硫化物对大气的污染，已成为亟待解决的环保问题。近年来，许多研究表明，光催化技术在环境污染物治理方面有着良好的应用前景。中国科学家邱星林教授等人用纳米二氧化钛配制成光催化净化大气环保涂料，结果表明，利用纳米二氧化钛光催化氧化技术制成的环境净化涂料对空气中NOx净化效果良

**紫外线**

紫外线是电磁波谱中波长10nm～400nm辐射的总称，不能引起人们的视觉。1801年德国物理学家里特发现在日光光谱的紫端外侧一段能够使含有溴化银的照相底片感光，因而发现了紫外线的存在。

好，在太阳光下，降解率高达97%。同时还可降解大气中的其他污染物，如卤代烃、硫化物、醛类、多环芳烃等。

3. 纳米碳酸钙在涂料中的应用。碳酸钙作为一种优良的填充剂和白色颜料，具有价格便宜、资源丰富、色泽好、品位高的特点，广泛应用于纸张、塑料填料和涂布颜料。而纳米碳酸钙自问世以来，由于其具有的优良特性，赋予了产品某些特殊性能，如补强性、透明性、触变性和流平性等。因此成为了一种新型高档功能性填充材料，在橡胶、塑料、油墨、涂料、造纸等诸多工业领域中具有广阔的应用前景。在涂料中的应用研究表明，纳米碳酸钙填充涂料的柔韧性、硬度、流平性及光泽与原来相比均有较大幅度提高。利用纳米碳酸钙的“蓝移”现象，将其添加到胶乳中，也能对涂料形成屏蔽作用，达到抗紫外线辐射和防热老化的目的，增加了涂料的隔热性。

纳米碳酸钙在水中溶解

**塑料的成分**

我们通常所用的塑料并不是一种纯物质，它是由许多材料配制而成的。其中高分子聚合物（或称合成树脂）是塑料的主要成分，此外，为了改进塑料的性能，还要在聚合物中添加各种辅助材料，如填料、增塑剂、润滑剂、稳定剂、着色剂等，才能成为性能良好的塑料。

4. 纳米氧化锌在涂料中的应用。纳米氧化锌是一种面向21世纪的新型高功能精细无机产品，其粒径介于1～100nm间，又称为超微细氧化锌。纳米氧化锌在磁、光、电、敏感

等方面具有一般氧化锌产品无法比拟的特殊性能，其中在涂料方面的应用主要如下。

（1）在化妆品中作为新型防晒剂和抗菌剂。因为它们无毒、无味、对皮肤无刺激性，不分解、不变质、热稳定性好，且纳米氧化锌本身为白色，可以简单地着色，价格便宜，吸收紫外线能力强，对UVA（长波320～400nm）和UVB（中波280～320nm）均有屏蔽作用，因而得到广泛使用。西北大学曾进行过纳米氧化锌的定量杀菌试验，对金黄色葡萄球菌和大肠杆菌的杀灭率为在98%以上。所以在化妆品中添加纳米氧化锌既能屏蔽紫外线，又能抗菌除臭。

（2）用于电话机、微机等的防菌涂层。将一定量的超细氧化锌制成涂层并涂于电话机、微机上，有很好的抗菌性能。

（3）吸波涂层。吸波材料的研究在国防上具有重大的意义，这种“隐身材料”的发展和应用是提高武器系统生存和突防能力的有效途径，纳米微粉是一种非常有发展前途的新型军用雷达波吸收剂。纳米氧化锌等金属氧化物由于质量轻、厚度薄、颜色浅、吸波能力强等优点而成为吸波涂层研究的热点之一。

（4）纳米氧化锌的导电性可赋予涂层以抗静电性。将纳米粉末作为导电填料添加到聚酰胺、丙烯酸等基体树脂中，选择适当的分散方法，可制得纳米复合透明抗静电涂料。在纳米复合抗静电涂料中，当纳米粉的添加量达到某一临界值时，涂层的导电性能才明显改善。研究表明，纳米粉在涂料中的临界体积浓度（CPVC）约为23%，当PVC达到23%后，涂层的导电性能较好。但进一步增大纳米粉的用量，对于涂层的导电性能的改善并没有很大的帮助，相反，会影响涂层的色泽、透明度以及力学性能等。另外，基体树脂的种类、溶剂的用量以及制备工艺等都对涂料的性能有明显的影响。

5. 技术关键及发展展望。由于纳米材料的表面活性相当高，如何将其分散到涂料基体中，是纳米材料在涂料中应用的主要技术难题。纳米材料的表面处理、添加方式、分散设备的选择等，这些因素直接影响到纳米材料在涂料中的分散状态。目前主要有以下几种分散方式。

知识小链接

**聚酰胺**

聚酰胺（俗称尼龙）是美国杜邦公司最先开发用于纤维的树脂，于1939年实现工业化。20世纪50年代开始开发和生产注塑制品，以取代金属满足下游工业制品轻量化、降低成本的要求。PA具有良好的综合性能，包括力学性能、耐热性、耐磨损性、耐化学药品性和自润滑性，且摩擦系数低，有一定的阻燃性，易于加工，适于用玻璃纤维和其他填料填充增强改性，提高性能和扩大应用范围。

（1）化学预分散——无机纳米粉体表面改质

通过对纳米SiOx进行表面分子设计，使其具有表面疏水性或两亲性。

（2）物理分散

在涂料的制备过程中，涂料的颗粒大小是按规定要求进行控制的，但因为粒子间的范德华力的作用，涂料的细微粒子会相互聚集起来，成为聚集体。因此，需将它们重新分散开来，这便需要很强的剪切力或撞击力，涂料中粉体（含纳米材料）的分散主要是靠剪切力的作用。纳米材料在涂料体系中分散，最好是将其与颜料或其他粉体填料预先混合，然后采用下述分散方法中的任意两种以上的方法配合使用，以达到良好的分散效果。

①研磨分散：利用三辊机或多辊机的辊与辊速度的不同，将研磨料投入加料辊（后辊）和中辊之间的加料沟，二辊以不同速度内向旋转，部分研磨料进入加料缝并受到强大的剪切作用，通过加料缝，研磨料被分为两部分，一部分附加在加料辊上回到加料沟，另一部分由中辊带到中辊和前辊之间的刮漆缝，在此又一次受到更强大的剪切力作用。经过刮漆缝，研磨料又分成两部分，一部分由前辊带到刮刀处，落入刮漆盘，另一部分再回到加料沟，如此经几次循环，可达到均匀分散的目的。用三辊机或多辊机时，溶剂应为

低挥发性的。纳米复合粉体和其他粉体在浸润状态下进行研磨，以提高分散性，降低环境污染，提高材料的利用率。

②球磨分散：通过球磨机中磨球之间及磨球与缸体间相互滚撞作用，使接触钢球的粉体粒子被撞碎或磨碎，同时使混合物在球的空隙内受到高度湍动混合作用而均匀分散并相互包覆。利用球磨机分散纳米材料既可在干法状态下施行也可在湿法状态下进行。

③砂磨分散：砂磨是球磨的外延。只不过研磨介质是用微细的珠或砂。砂磨机可连续进料，纳米粉体的预混合浆通过圆筒时，在筒中受到激烈搅拌的砂粒所给予的猛烈的撞击和剪切作用，使得纳米 SiOx 改质材料能很好地分散在涂料中，分散后的浆离开砂粒研磨区通过出口筛，溢流排出，出口筛可挡住砂粒，并使其回到筒中。

④高速搅拌：对于高速搅拌，要求转速达到每分 1500 转以上（指配合其他分散方式），利用搅拌机强大的剪切力把材料均匀分散在涂料中。如单纯采用高速搅拌分散，建议采用转速每分 5000 转以上的搅拌机在以水为介质的状态下进行，但不可把纳米 SiOx 粉体与乳胶混合分散，以免破乳。

综上所述，纳米材料在涂料中的应用具有广阔的前景。目前的研究尚处于起步阶段，大部分研究在我国还停留在实验室阶段，还有很多技术的关键问题需要解决。国内外的发展趋势是加快研究开发环境适应型涂料，充分发挥纳米材料的耐候性、装饰性、抗污染性、抗菌性、抗电磁波干扰及其他特殊功能。同时，纳米材料在涂料中的应用不同于一般材料在涂料中的应用情况，因此，它属于一项高新技术，需要纳米材料的研发人员、涂料工作者等共同努力研制，使纳米涂料尽快投入实际应用。

## 揭秘最小收音机

纳米技术堪称“下一代科技领袖”最热门的候选者。最激进的倡导者宣称，纳米技术其实就是一套分子制造系统，可以通过机械方法让一个一个分子彼此相连，自动构架出各种各样的结构，最终制造出各种结构复杂的成品。

然而，事实却并非如此。“纳米”这个术语已经被滥用，几乎任何物件都在用“纳米”这个名字为自己脸上贴金，甚至连机油、唇膏、滑雪蜡之类的商品都号称含有“纳米粒子”。即使如此，谁又能料想得到，第一批真正可以发挥作用、能够对宏观世界产生明显影响的纳米器件当中，居然会有收音机呢？

2007 年，美国加利福尼亚大学伯克利分校的物理学家亚历克斯·策特尔及其同事发明了一种纳米管收音机，拥有一身令人称奇的好功夫：单单一根碳纳米管就可以接收广播信号，同时放大并转换成音频信号，发送到外接扩音器上，让人耳能够轻松识别。不信？好吧，只要登录网站就能亲耳听听它播放的歌曲《Layla》。纳米收音机的发明者指出，这种收音机或许能催生一系列全新的应用，比如可以完全放进耳道的助听器、手机和 MP3 等等。策特尔宣称，纳米收音机将“轻松嵌入一个活细胞。到时候，制造一个与大脑或肌肉连接口的装置，或者用无线电控制在血管中游动的器件将不再是梦想”。

## ◎ 来自纳米管的魅力

美国加利福尼亚大学物理系教授策特尔率领三十多名研究人员，致力于分子尺度器件的研究工作。纳米管具有的不同寻常的结构，成了他们的研究重点。尽管谁先发现纳米管仍具争议，但纳米管能在科学界大出风头，应归功于日本物理学家饭岛澄男。1991 年，饭岛教授宣布，他在发出电弧（即放电所形成的明亮弧状闪光）的石墨电极顶端发现了一些“针状碳管”。

这些纳米管的特性令人称奇。它们大小相差悬殊，形状多种多样，包括单壁管、双壁管和多壁管等。其中有的直，有的弯，有的甚至首尾相接成环，就像一个面包圈。但所有纳米管都具有一个共性，那就是拥有相当高的抗拉强度，材料被拉断前能承受的最大应力超过 600MPa。

基础小知识

## 加利福尼亚大学

加利福尼亚大学，简称加州大学或加大，是美国加州的一个公立大学系统。加州大学起源于1853年建立在奥克兰的加利福尼亚学院。如今已发展成一所拥有10个分校并对加州发展影响深远的巨型大学系统。加州大学是美国最具影响力的公立大学之一，其伯克利分校、旧金山分校、圣地亚哥分校和洛杉矶分校都是世界一流的学府。



策特尔指出，纳米管之所以具有这种非凡特性，是因为“一种自然界中最牢固的化学键将碳纳米管内的碳原子结合在一起”。单壁纳米管还具有优异的导电性能，不但大大超过铜、银等金属，甚至还超过了超导体。“这是因为电子在纳米管中移动时不会撞上任何东西，”他解释说，“纳米管的结构简直是太完美了。”

策特尔决定要打造一种能够通过无线方式彼此联系，并能无线发送探测结果的微型传感器，纳米收音机的创意由此产生。他说：“这类器件将监测环境状况。”把这些传感器件安置在一座工厂或炼油厂周围，它们便会把探测结果发回到某个收集站。任何人只要登录谷歌，“点击某城市名称，就能查看当地的实时空气质量了”。策特尔希望发明一种纳米管质量传感器，在以此为目标的实验中，他的研究生肯尼思·詹森发现，如果将碳纳米管一端固定于某一表面，形成一根悬臂梁，当一个分子落在悬臂梁的自由端时，悬臂梁就会振动。分子质量不同，振动频率也就不同。策特尔注意到，这些振动频率覆盖了某些商业无线电频段，于是把这种悬臂式纳米管做成收音机的构想就变得再诱人不过了。策特尔知道，一台收音机至少有五个基本部件：天线，用来接收电磁波信号；调谐器，从所有正在广播的频道中选择想要收听的频道；放大器，用于增强信号；解调器，将信号中的有效信息从携带信息的载波中

分离出来；有效信息被传送到扬声器上，由扬声器将这部分信号转换成可以听得到的声音。

碳纳米管注定会成为这种收音机的核心器件，它集优秀的化学特性、几何特性及电气特性于一身。只要把这个微型装置放在一组电极之间，便能同时具备上述五种功能，而无需其他部件。

策特尔和詹森首先制定了一个总体设计方案。此方案要求在电极末端做出一根多壁碳纳米管，就好像是插在山顶上的旗杆。之所以选用多壁管，是因为它比其他碳纳米管略大，而且更易安置在电极表面，不过后来他们也曾用单壁碳纳米管制作出一台纳米收音机。这种多壁管长约 500 纳米，直径 10 纳米，大小与形状都同某些病毒差不多。它可以通过纳米操控技术安置在电极上，或者通过所谓化学气相沉积法，从电离气体中沉积出一层又一层的碳原子，直接在电极上生长出来。电极头是圆圆的，就像个蘑菇，不远处有一个反电极。在这两个电极间施加一个很小的直流电压，便会产生一股从纳米管端头流向反电极的电子流。这个发明的想法就是，无线电广播中的电磁波会撞击纳米管，使纳米管随着电磁信号的振动而发生机械振动。既然纳米管能与入射的无线电波共振，它就能起到天线的作用，当然这种天线的工作原理与传统的收音机天线完全不同。

## ◎ 解剖最小收音机

只用一根纳米管，便可实现部件众多的普通收音机的所有功能。由于纳米管极其微小，因而它一遇到无线电信号便会快速振动。把这根纳米天线与外围电路接通，我们便可以操纵它完成选台、放大，将音频成分从无线电波的其他成分分离开来（解调），最终使我们能听到广播节目。

普通收音机的天线通过电磁效应接收信号，也就是说，电磁波在天线内产生感应电流，但天线本身始终静止不动。而在纳米收音机中，纳米管是一个极其纤细、轻巧的带电物体，入射的电磁波足以推动它机械地来回运动。

“纳米世界神奇无比，与宏观世界大不一样，”策特尔指出，“纳米器件体积极小，以致重力和惯性效应影响甚微，反倒是残余电场对这些小玩意儿起主要作用。”纳米管的振动会改变从纳米管端头流向反电极的电流——用专业术语说就叫作场致发射电流。场致发射是一种量子力学现象，也就是一个较小的外加电压可以引发一个物体（如针尖）的表面发射出一股较大的电子流。基于场致发射的工作原理，人们不仅期望纳米管能充当天线，还希望它能完成信号放大任务。入射到纳米管的微量电磁波将使纳米管振动着的自由端释放出一股较大的电子流。这股电子流将放大入射信号。

下一步就是解调，也就是把声音或音乐等有用信息从无线电台发射的载波中提取出来。在调幅（AM）无线电广播中，这种分离是靠整流滤波电路来实现的，这种电路只对载波信号的振幅有反应，对频率则完全无视。策特尔的团队推想，纳米管收音机也可以实现这一功能：当纳米管随着载波频率发生机械振动时，它同样也会响应载波中编码的信息成分。说来也巧，整流正好就是量子力学场致发射与生俱来的一项特质。这就意味着，从纳米管流出来的电流仅随信号中的编码成分（ 即被调制的信息成分）而变，载波则被拒之于门外了。这一功能的实现不需要任何额外电路。

简单地说，电磁信号到来时会引起纳米管的振动，纳米管在这一过程中起着天线的作用。纳米管振动端将信号放大，同时依靠内建整流装置的场致发射特性使载波与信息成分分离。然后反电极将探测到场致发射电流的变化，并把歌曲或新闻等广播内容传送到扬声器，由扬声器把信号转变为声波。

**天线是一种变换器**

天线是一种变换器，它把传输线上传播的导行波，变换成在无界媒介（通常是自由空间）中传播的电磁波，或者进行相反的变换。是在无线电设备中用来发射或接收电磁波的部件。

## 世界最小汽车——纳米汽车

### ◎ 一根头发可容纳两万辆纳米车行驶

人类可以用小的机器制作更小的机器，最后将逐个地排列原子，制造产品。这是著名物理学家诺贝尔奖获得者理查德·费因曼1959年对纳米技术的最早梦想。从此，人类就开始了对纳米世界的探求。美国赖斯大学的科学家近期利用纳米技术制造出了世界上最小的汽车。和真正的汽车一样，这种纳米车拥有能够转动的轮子。只是它们的体积如此之小，甚至即使有两万辆纳米车并列行驶在一根头发上也不会发生交通拥堵。

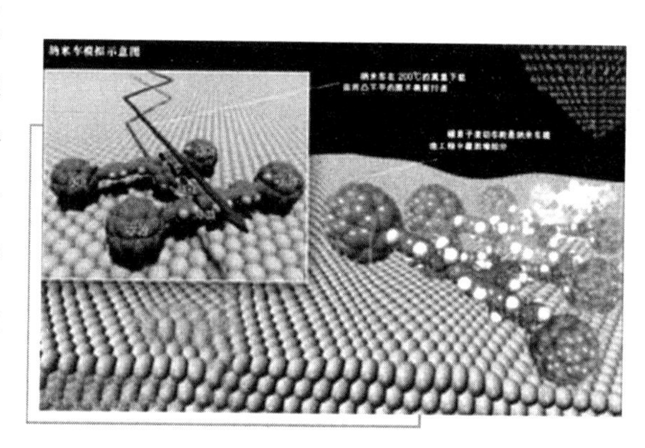

纳米汽车的构架

**基本小知识**

**诺贝尔**

阿尔弗雷德·伯纳德·诺贝尔是瑞典化学家、工程师、发明家、军工装备制造商和炸药的发明者。他曾拥有军工厂，主要生产军火；还曾拥有一座钢铁厂。在他的遗嘱中，他利用他的巨大财富创立了诺贝尔奖，各种诺贝尔奖项均以他的名字命名。

## ◎ 车身虽小，部件齐全

整辆纳米车对角线的长度仅为 3～4 纳米，比单股的 DNA 稍宽，而一根头发的直径大约是 8 万纳米。

不过纳米车虽小，也拥有底盘、车轴等基本部件。其轮子是用 60 个碳原子组成足球状的单一分子。这使得纳米车在外观上看起来像哑铃。它利用一种三合体做轴，连接每个轮子的轴都能独立转动，使得这种车能够在凹凸不平的原子表面行进。

据专家介绍，以前也曾有人制造出过纳米级的超微型“汽车”。但新问世的这辆“汽车”却与其前辈们有着很大不同：这辆纳米车是世界上首个利用滚动式前进的纳米结构物质，此前的所谓纳米车只是通过滑动来前进。这项技术是在赖斯大学詹姆斯·托尔教授的领导下，经过 8 年的时间研发而成。托尔说：“就是它了，你不能再建造更小的原子运输工具了。”他的同事凯文·凯利说：“建造一个可以在平面上滑动的纳米工具已经不是什么难题了。但是纳米物体旋转滚动，而不是滑行或者滑动，才是这个工程中最困难的一部分。因此，这项突破是近年来微型领域中最重要的一项成果。”

## ◎ 高温下车轮滚动前行

纳米车 95% 的重量都是碳原子，此外还有一些氢和氧原子。整个制造过程大致与分

### 硫　黄

硫黄别名硫、胶体硫、硫黄块。外观为淡黄色脆性结晶或粉末，有特殊臭味。分子量为 32.06，蒸汽压是 0.13kPa，闪点为 207℃，熔点为 119℃，沸点为 444.6℃，相对密度（水 =1）为 2.0。硫黄不溶于水，微溶于乙醇、醚，易溶于二硫化碳。作为易燃固体，硫黄主要用于制造染料、农药、火柴、火药、橡胶、人造丝等。

子合成药物的步骤相似。

在常温下，纳米车的轮子会和金片表面紧密结合，当把金片表面加热到200℃的高温后，放置在上面的纳米车由于变性就能开始运动。现在还不知道在没有外力作用时它们会向前还是向后运动，但是运动一旦开始，纳米车就不会停顿或改变方向，直到停止加热。

不过研究人员发现，通过施加磁场，他们能够改变纳米车的运动方向。此外，科学家还可以通过精微尖端抓住纳米车，拖动其前进。科学家还为纳米车制造了一台世界上最小的马达，它是由30个碳原子和一些硫黄原子组成，利用光来驱动。但是当纳米车被放置在金质表面时，由于金属分子吸收了大部分光，导致纳米马达无法得到足够的动力。

## ◎ 实际应用尚需时日

1克的纳米车就可以装载约1000毫克的药物分子，因为体积小，所以能在器官和血管中自由通行。它的外形好似布满了规则小孔的“空心球”，里边裹挟着药物，当纳米送药车在体外磁场的作用下抵达患处，然后经过调节患处酸碱度或离子强度，纳米车的“外衣”就会脱去，小车上装载的药物就被释放出来。研究人员希望这种特殊的交通工具能够应用于分子构造领域。改进后的纳米车能够承载一个分子的“货物”，在纳米工厂之间运送原子和分子。未来人们能利用大批量这样的微型机器来建造新材料。

但有人质疑分子制造业是不切实际的，它还可能给环境带来无法预测的灾难，如大量纳米机器通过自我复制导致泛滥成灾，破坏环境和人类的生活秩序。但是科学家普遍认为，那样的情形只可能在科幻小说中出现。托尔教授表示，目前他并不打算为纳米车技术申请专利权，因为他认为至少需要一代人的时间才能解决分子制造中的多个技术难题。他说：“等你利用该项技术开发出实用产业时，专利权早就过期了。”

## 纳米电子技术在军事领域的应用

技术革命在带来产业革命的同时，也必将引起军事领域的重大变革。美国有学者认为纳米科技是国防工业的未来。世界上各主要军事大国，也都投入大量经费，开展研究试验制造纳米武器。作为军事信息技术重要基础的军用微电子技术，如果一旦得到纳米技术的支撑，将促使以微电子技术为代表的当代信息技术向以纳米技术和分子器件为代表的智能信息技术的巨大转变。纳米电子技术对未来军事作战领域的驱动力，将远远超出当前微电子技术对信息战的影响，也必将在世界范围引发一场真正意义的新军事革命，并把电子信息战水平推向更新、更高级的发展阶段。

现代战争系统离不开计算机。纳米计算机是信息系统的核心。采用纳米技术制造的微型晶体管和存储器芯片将使存储密度、计算速度和运算效率提高数百万倍，大大缩小计算机的体积和重量，而能耗也降低到今天的几十万分之一。一旦这种具有原子精密度的新型计算机取代现有的计算设备用于军事作战，必将实现信息采集和信息处理能力的革命性突破，从而提高 C4I 系统的可靠性、机动性、生存能力和工作效能，所谓 C4I 系统，是指挥、控制、通讯、电脑和情报的集成，相当于军队的神经和大脑。

微机电系统、“纳米武器”和“纳米军队”在军事领域的新发展历来受到格外关注，然而纳米技术和微机电系统的应用，将使人们用肉眼都难以发现的纳米武器跃上战争舞台。微机电系统可以说是纳米技术的核心技术，也是目前纳米电子技术最尖端的应用。所谓微机电系统，主要是指外形轮廓尺寸在毫米级、构成元件尺寸在微米至纳米级的可控制、可运动的微型机械电子装置。微机电技术并不是通常意义上的简单的系统小型化，因为当每个部件都小到纳米级以后，宏观的参数如体积、重量等都变得微不足道，而与物体表面相关的因素如表面张力和摩擦力就显得至关重要了。新的物理特性使纳米器件非常坚固耐用，可靠性很高。日本是利用纳米技术发展微型机电系统的最大投资国，制定了十年发展规划；美国自 1994 年，就将微机电技术列入《国防部国防技术计划》的关键技术项目中。近十多年来，微机电技术获得了实质性突破。科学家们成功地制出了纳米齿轮、纳米弹簧、纳米喷嘴、纳米轴承等微型构件，并在此基础上制成了纳米发动机。这种微型发动机的直径只有 200 μm，一滴油就可以灌满四五十个这种发动机。与此同时，微型传感器、微型执行器等也相继研制成功。这些基础单元再加上电路、接口，就可以组成完整的微机电系统了。纳米技术的发展正在使微机电系统走向现实，而以纳米武器为基础的神奇“精灵”，不仅将改变我们的生活现状，更将主宰未来战争的舞台。

**微机电系统的内部**

由于纳米器件比半导体器件的工作速率快得多，制造出的智能化微机电导航系统，可以使制导、导航、推进、姿态控制、能源和控制等方面发生质的变化，从而使微型导弹更趋小型化、远程化、精确化。这种只有蚊子大小的微型导弹直接受电波遥控，可以悄然潜入目标内部，其威力足以炸毁敌方火炮、坦克、飞机、指挥部和弹药库，起到神奇的战斗效能。目前，美国、日本、德国正在研制一种细如发丝的传感制动器，目的是为成功研制微型导弹开拓广阔的技术发展空间。

纳米微型军是一类能像士兵那样执行各种军事任务的超微型智能武器装备，目前正在研制的主要是执行侦察监视任务、破坏敌方电脑网络与信息系统、摧毁武器火控和制导系统的“间谍草”、“机器虫”、袖珍遥控飞行器、

"蚂蚁雄兵"微型攻击机器人。例如"蚂蚁雄兵"，是一种通过声波或其他方式控制的微型机器人，比蚂蚁还要小，但具有惊人的破坏力。它们可以通过各种途径钻进敌方的武器装备中，长期潜伏下来，一旦启用便各显神通，有的专门破坏敌方电子设备，使其短路、毁坏；有的充当爆破手，用特种炸药引爆目标；有的施放各种化学制剂，使敌方金属变脆、油料凝结或使敌方人员神经麻痹、失去战斗力。若"蚂蚁雄兵"与微型地雷配合使用，还能实施战略打击。据美国国防部专家透露，美国研制的"微型军"有望在未来十年内实现大规模部署。

军事纳米机器人是纳米科技最具诱惑力的重要内容。军事纳米机器人将由纳米计算机控制，这种可以进行人机对话的装置一旦研制成功，可在一秒内完成数 10 亿次操作。这种机器人可用于弥补部队人力的不足、降低常规部队在使用生化武器和核战争中的风险、增加机动能力、提高部队的自动化程度。这将大大改变人们对战争力量对比的观点，使未来战场的模式与格局产生根本性变革。

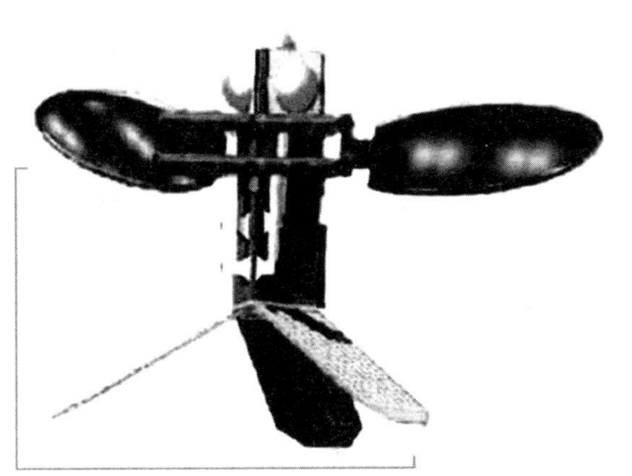

**军事纳米机器人**

由于纳米信息系统具有超微型化、高智能化等特点，目前车载、机载的电子作战系统甚至武器系统都可浓缩至单兵携带，其隐蔽性更好、攻击性更强，同时系统获取信息的速度加快，侦察监视的精度提高，系统的重量却大大减轻。应用纳米技术的单兵系统能明显提高士兵的态势感知能力、通信能力和杀伤力。预计到 2025 年，一个单兵的杀伤力可能相当于今天的一辆坦克。美国陆军的"陆地勇士"通过数字通信把图像和数据直接提供给在前线

作战的单个士兵，把他们纳入数字化战场，分享数字化战场提供的优势。“陆地勇士”系统由5个分系统组成：综合头戴分系统、武器分系统、士兵计算机/电台分系统、防护分系统和单兵装备分系统。通过士兵计算机/电台系统，士兵能以实时或近实时的方式接收指挥官的命令，能从GPS接收机或其他信息源接收目标数据、位置数据和战场态势等信息，也可以把自己收集到的情报传回指挥部。头盔中将配备微光放大器、显示器、空气调节器等设备。电池一直是便携设备的瓶颈，而应用纳米技术制造的嵌入式燃料电池已经取得初步成果，这将使单兵系统能够连续工作更长时间。除美国之外，英国陆军有未来步兵技术计划，荷兰正在研制士兵数字助理，澳大利亚、加拿大、俄罗斯和以色列等都有类似的计划，并已于2005～2010年装备部队。另外，借助于纳米技术，士兵的防护服也将具备前所未有的功能。2002年3月，美国五角大楼正式宣布将“未来战袍”研制项目授予麻省理工大学，并为这个项目拨出了至少5000万美元的专门研究经费。这个“神奇的战袍”用特殊的纳米材料制成，除具有隐形、防导弹打击、自动治疗等功能之外，还具备感知可能来临的危险的能力，无论是炭疽袭击，还是子弹飞来，战袍都能够相应地做出反应。如果空气中二氧化氮的指标突然升高，战袍会突然将头盔中的透气口关闭；如果远处有人向士兵开枪，战袍也将启动防弹功能，

**加拿大的地域**

加拿大地域辽阔，森林和矿产资源丰富。矿产有60余种，镍、锌、铂、石棉的产量居世界首位，铀、金、镉、铋、石膏居世界第二位。铜、铁、铅、钾、硫黄、钴、铬、钼等产量丰富。已探明的原油储量为80亿桶。森林覆盖面积达440万平方公里，产材林面积286万平方公里，分别占全国领土面积的44%和29%；木材总蓄积量为172.3亿立方米。加领土面积中有89万平方公里为淡水覆盖，淡水资源占世界的9%。

因为子弹在发射时会冒出火花，而这个光线能够被战袍感知，这些都是纳米传感技术和纳米电子技术广泛运用的结果。据悉，“未来战袍”已开始进行试验。

各个国家纷纷投入巨资抢占纳米技术战略高地。2000 年 1 月美国前总统克林顿在加利福尼亚理工学院演说中宣布启动“国家纳米技术倡议”，把纳米技术置于国家最优先发展的地位。美国政府以 5 亿美元的预算支持纳米技术研究与开发，将纳米计划视为下一次工业革命的核心。目前，美国已在纳米结构组装体系、高比表面纳米颗粒制备与合成以及纳米生物学方面处于领先地位，但是在纳米器件、纳米仪器、超精度工程、陶瓷和其他结构材料方面略逊于欧盟。德国 19 家研究机构建起了纳米技术研究网，在纳米材料、纳米测量技术、超薄膜的研发领域具有很强的优势。日本除继续推动早已开始的纳米科技计划外，每年都将投资 2 亿美元推动新的国家计划和新的研究中心的建设，目前已在纳米器件和复合纳米结构方面占有优势，在分子电子学技术领域也有很强的实力，紧随德国之后。法国已投资 1.25 亿欧元建立一个占地 8 公顷、建筑面积为 6 万平米、拥有 3500 人的微米/纳米技术发明中心，配备最先进的仪器设备和超净室，成立一个微米纳米技术发明中心，目前该中心已进入实际运行阶段并取得初步研究成果。英国现已有上千家公司、30 多所大学、7 个研究中心进行纳米技术研究。另外，瑞典、澳大利亚、韩国、新加坡等国家也都在大力研究开发纳米技术。

我国纳米技术的研究与世界先进水平同步，个别方面甚

**趣味点击　新加坡的中文称谓**

在过去，新加坡一直用新嘉坡作为其独立初期的通用中文国名。由于受到当地华侨所带来的语言（包括粤、闽、潮语、台语等）习惯影响，也在后期出现许多衍生的国名称谓，例如星加坡、石叻、叻埠，甚至实叻埠等，而外界也普遍以星洲、狮城、星岛、星国作为简称来描述新加坡。

至走在世界前沿。为迎接纳米技术挑战，我国已在国家层面上制定纳米科技发展战略和规划，中国科学院、北京大学成立了各自的纳米科技研究中心。我国的研究力量主要集中在纳米材料的合成和制备、扫描探针显微学、分子电子学以及极少数纳米技术的应用等方面，并在纳米碳管、纳米材料等若干领域已取得出色的研究成果。我国现有100家纳米技术企业，十几条纳米生产线，国家纳米技术产业化基地也已在天津成立。

21世纪是生命科技和信息科技调整发展和广泛应用的时代，而纳米科学和技术将促进包括生命科技、信息科技在内的几乎所有技术的飞速发展。纳米科技日新月异的发展对我们提出了严峻的挑战，在一些发达国家，军方对纳米技术的投入和研究已经超过了其他领域。相对于其他学科，我国对纳米技术的研究起步并不晚，迄今为止也投入了相当多的人力与资源开展研究，但是对纳米技术尤其是纳米电子技术在军事上的应用研究还十分薄弱。目前，在世界范围内纳米技术还不成熟，至少需要10年左右的时间才可能大规模运用于军事作战，这为我们研究纳米技术和发展军事应用提供了一个空间。未来战争仍将是以电子信息战为主的战争，而纳米电子技术无疑是电子信息战的制高点。我国将吸取由于微电子产业的落后而导致武器装备落后的教训，把纳米电子技术在军事领域的应用研究放在较高的战略位置，把握契机，发挥特长，争取掌握高超的制敌之术，弥补现有武器装备力量的不足，实现我国国防事业的跨越式发展。

## 隐身衣——纳米军服

看过《哈利·波特》的人，可能还在对电影里哈利·波特的那件隐形披风念念不忘。可是，你是否想到征战沙场的将士也将会身着隐形军服呢？这可不是幻想，而是纳米技术带给我们的实实在在的改变！

知识小链接

**哈利·波特**

英国女作家J. K. 罗琳创作系列小说，共7部。系列小说被译成70多种语言，在200多个国家累计销量超过4.5亿册。

“变色龙”般的隐形效果在以往的战争中，士兵往往会穿着与环境色调相一致的迷彩服，以达到降低敌方目视侦察的效果。但是随着红外探测、光电探测等先进侦察技术的问世，迷彩服的隐形功效已经大为降低，士兵们迫切需要新型的隐形服。为此，麻省理工大学士兵纳米技术研究所就研究了一种新型纳米士兵服。它并不重，不会成为士兵的负担。由于在这种服装中植入了独特的电路系统，并在特种的纤维中掺杂了大量的纳米发光粒子，因而它能够在不同的自然背景下，根据环境温度的变化，向外发出红外辐射，及时调整军服颜色，使其红外特征与周围颜色浑然一体，大大提高了隐形效果。同时，这种军服上还有各种图案，这些图案是计算机对大量沙漠、丛林、岩石和建筑等背景环境图案进行分析后模拟出来的，其背景亮度、色调等能够与环境几乎完全一致，有“变色龙”之效。

具有隐身功能的智能军服无疑是部队在现代战争中保存战斗力的理想装备。穿上这种隐身衣，让敌方在可见光条件下目视难以发现。另外，随着微光夜视仪“红外夜视仪”等夜视器材的大量应用，防红外追踪的隐身衣的研制成为军服开发的新视点。于是，随环境改变而自动变化的隐身衣又应运而生。设想这种集防可见光和“红外”微光夜视侦察于一身的新型智能隐身衣一旦装备部队，各种现代化的侦察器材必将遇到真正黑夜。

## ◎让子弹“拐弯”的防护服

士兵在战场上，遭受的最大伤害来自各种武器，特别是各种导弹和生化武器。为了保护士兵的生命安全，科学家研究了各种防护服，但是这些防护服总是存在着这样或者那样的缺陷，防护效果一般。如今，纳米科学家正在研发一种集多种防护功能于一身的“铁衫”，并取得了巨大的进展。这种防护服以高分子纤维为面料，在其中安装微型计算机和高灵敏度的传感器，使士兵能及时得到警报，轻松避开飞来的子弹。同时，科学家通过运用纳米技术，改变面料纤维的原子和分子排列，从而使这种防护服具有化学防护特性，既能够使清新空气通过，同时又能将生化武器拒之门外，从而保障士兵的生命安全。

想象中的纳米军服

## 研究纳米金属的军事应用

美国国防部开始对纳米技术在武器装备上的应用进行研究。纳米金属可以通过在高于沸点的温度下对金属丝加热，然后在一定压力下对液体冷却以形成小于100纳米的球形微粒而获得。美国洛斯阿拉莫斯国家实验室正在开发纳米级铝热剂材料，取代用于远距离引爆同步火工品的电点火头的有毒铅化合物。用该材料制造的纳米级装置与传统电点火头相比，对电流不敏感，因此不易发生意外引爆现象。研究人员还研究用纳米级材料替代在中小口径武器中对发射药点火的铅基雷管，这种铅基雷管有毒并具有危险性。科学家

研究可以替代有毒铅物质的亚稳态分子间化合物（MIC），这种化合物具有确定的微粒尺寸，能获得最佳点火时间。

用包含纳米金属材料制成的火力强大的紧凑型炸弹，这是一种新型武器。由美国政府提供资金支持，桑迪亚国家实验室、洛斯阿拉莫斯国家实验室和劳伦斯·利弗莫尔国家实验室正在研究利用分子间能量流的途径，这是称为纳米能量学的研究领域，通过这种研究可以制造出更具杀伤力的武器，如“孔穴炸弹”，这种炸弹的爆炸力是常规炸弹如“雏菊”或“炸弹之母”爆炸力的好几倍。

**纳米金属在军事上有着重要的作用**

研究人员可以通过加入超级铝热剂使武器威力大大提高。这种材料是纳米金属如纳米铝与金属氧化物如氧化铁的混合物，该材料的化学反应很快，可上千次地增加化学反应的次数，从而产生非常快的反应波，将巨大的能量迅速释放出来。

美国洛斯阿拉莫斯国家实验室爆炸科学和技术组项目主任史蒂文·桑三年多来一直致力于纳米能量学研究。他认为，科学家能够设计出具有不同尺寸的微粒，从而获得具有不同的能量释放速度的纳米铝火药，可用于水下爆炸设备、雷管和火箭燃料推进剂等。

纳米金属公司首席科学家道格拉斯·卡彭特指出，标准铝原子只覆盖了铝材料表面积的千分之一，而纳米铝则覆盖了50%。纳米铝表面具有更多的原子，因此具有更大的化学反应性。卡彭特认为，美国军方已经用纳米铝开发出了“孔穴”炸弹。

纳米铝材料还可使导弹和鱼雷在目标采取躲避措施前就以极快的速度打

击目标，并能使发射药的燃烧率达到现有发射药的10倍，使子弹的打击速度更快。

美国陆军环境中心1997年就启动了一个项目来开发有毒铅的替代物，含有这种铅的子弹每年在军事冲突和军事训练中的用量非常大。目前利用纳米铝的子弹正准备进行靶场测试，但卡彭特认为，政府在这项技术的应用上还是速度很慢。

纳米金属能以较少的原材料提供较高的能量，可使武器的总成本降低。纳米金属的微粒尺寸可以小至8纳米，可用来制造爆炸性材料，包括制造烟火和用于采矿的炸药等。

简氏信息集团武器分析专家安迪·奥本海默日前指出，纳米技术将"完全改变武器的面貌"，包括美国、德国和俄罗斯在内的一些国家正在研究用纳米技术开发微型核装置，以制造尺寸更小的核武器。奥本海默说，这种装置可以放在公文包内，其能量足以毁坏一栋建筑物。虽然这种装置要用核材料，但因为其尺寸小，"就可以模糊常规核武器的界限"。

这种微型核武器仍然处在研究阶段。由于这种武器有落入恐怖分子手中的可能性，而且任何形式的核扩散都是"政治上有争议的"，因此一些国家会秘密资助这些研究。这种尺寸更小的核炸弹的研制将给大规模杀伤性武器的限制工作带来新的挑战。奥本海默指出，这种炸弹会使其控制范围内的一切化为乌有，将非常危险。

## "战场精灵"——纳米武器

### ◎"麻雀"卫星

美国于1995年提出了纳米卫星的概念。这种卫星比麻雀略大，重量不足

基础小知识

### 卫星

卫星是指在围绕一颗行星轨道并按闭合轨道做周期性运行的天然天体，人造卫星一般亦可称为卫星。人造卫星是由人类建造，以太空飞行载具如火箭、航天飞机等发射到太空中，像天然卫星一样环绕地球或其他行星的装置。



10 千克，各种部件全部用纳米材料制造，采用最先进的微机电一体化集成技术整合，具有可重组性和再生性，成本低，质量好，可靠性强。一枚小型火箭一次就可以发射数百颗纳米卫星。若在太阳同步轨道上等间隔地布置 648 颗功能不同的纳米卫星，就可以保证在任何时刻对地球上任何一点进行连续监视，即使少数卫星失灵，整个卫星网络的工作也不会受影响。

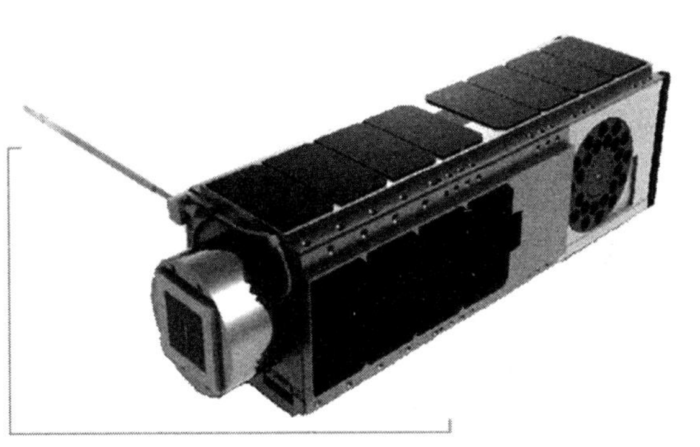

纳米卫星

## ◎“蚊子”导弹

由于纳米器件比半导体器件的工作速率快得多，可以大大提高武器控制系统的信息传输、存储和处理能力，可以制造出全新的智能化微型导航系统，使制导武器的隐蔽性、机动性和生存能力发生质的变化。利用纳米技术制造的外形如蚊子的微型导弹，可以起到神奇的战斗效能。纳米导弹直接受电波遥控，可以神不知鬼不觉地潜入敌人内部，其威力足以炸毁敌方火炮、坦克、飞机、指挥部和弹药库。

知识小链接

坦克

坦克，或者称为战车，现代陆上作战的主要武器，有“陆战之王”之美称，它是一种具有强大的直射火力、高度越野机动性和很强的装甲防护力的履带式装甲战斗车辆，主要执行与对方坦克或其他装甲车辆作战，也可以压制、消灭反坦克武器、摧毁工事、歼灭敌方有生力量。坦克一般装备一门中口径或大口径火炮（有些现代坦克的火炮甚至可以发射反坦克/直升机导弹）以及数挺防空（高射）或同轴（并列）机枪。

## ◎“苍蝇”飞机

这是一种如同苍蝇般大小的袖珍飞行器，可携带各种探测设备，具有信息处理、导航和通信能力。其主要功能是秘密部署到敌方信息系统和武器系统的内部，监视敌方情况。这些纳米飞机可以悬停、飞行，敌方雷达根本发现不了它们。据说它还适应全天候作战，可以从数百千米外将其获得的信息传回己方导弹发射基地，直接引导导弹攻击目标。

## ◎潜艇披上“聪明表皮”

用纳米材料制造潜艇的蒙皮，使其可以灵敏地“感觉”水流、水温、水压等极细微的变化，并及时反馈给中央计算机，最大限度地降低噪声、节约能源，还能根据水波的变化提前察觉来袭的敌方鱼雷，使潜艇及时做出规避机动。

## ◎“沙砾”“小草”洞察秘密

被人称为“间谍草”或“沙砾坐探”的形形色色的微型战场传感器，它们应用了由纳米技术制成的量子计算机元件，其工作速度是半导体元件的1000倍，可以大大提高武器装备控制系统中信息的传输、存储和处理能力，使武器装备更灵活、更精确。可侦测出数百米之外坦克、车辆等移动时产生的震动和声音，能自动定位、定向和进行移动，绕过各种障碍物。

## ◎ 枪炮纳米铜发射药

这种发明涉及一种枪炮弹药，使用的是纳米铜（或纳米铝）发射药。目的是，在不改变现有枪炮等武器发射机构的前提下，提供一种燃速高、能量大、体积小、质量轻的新型枪炮弹纳米铜（或纳米铝）发射药，以改变目前枪炮弹初速低、射程近、威力不足的现状，并为研制新式武器消除弹药困扰，以赢得未来高技术条件下的战争的胜利，确保国家安全。其最具前瞻性的优点是，将来能为突破武器研制的瓶颈提供解决方案（目前武器研发遇到的最大难题，就是无法解决武器质量与战斗性能之间的关系）。

此外，纳米技术还可用以研制超级隐形涂料、智能灵巧军服和新型发射药等。

上述种种纳米武器组配起来，就建成了一支独具一格的“纳米军队”。据美国五角大楼的武器专家预计，将有第一批由微型武器组成的“纳米军队”诞生并服役，可望大规模部署。

美军的纳米武器

生产纳米武器装备能耗极小，可靠性极高，研制、生产周期都大大缩短。而且纳米武器使用起来也非常方便，用一架无人驾驶飞机就可以将数以万计的微机电系统探测器空投到敌军可能部署的地域领空中，十分容易地掌握敌人动向；或者把不计其数的微型机器人士兵送到敌方境内潜伏下来，随时完成各种作战任务。

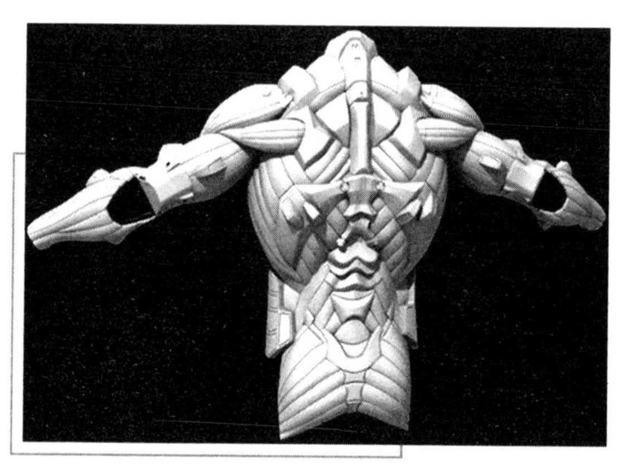

超震撼的未来纳米装备

与传统武器相比，纳米武器具有完全不同的特点。人们必须对其“刮目相看”，充分认识它对未来战争的影响。因此，纳米武器的出现和使用，将大大改变人们对战争力量对比的看法，使人们重新认识军事领域数量与质量的关系，产生全新的战争理念，使武器装备的研制与生产脱离数量规模的限制，进一步向人工智能的方向发展，从而彻底变革未来战争的面貌。

## ◎ 纳米技术重塑“陆战之王”

纳米技术是指在纳米尺度上设计、加工、调制或组装元件的一项综合性工程技术。其核心是在不改变物质化学成分的前提下，通过控制、设计单个原子或分子的配置来改变物质的特征，达到大幅度提高物理性能的目的。纳米技术虽然还处在实验阶段，但其无与伦比的特性已经展示了在制造坦克方面的良好应用前景。纳米技术将打造出全新的坦克。

让坦克变得更小更巧：科学家运用纳米技术制造出来的材料不但比现有的装甲材料轻得多，硬度和延展性也高得多。日本的一个实验室在研究中发现，在橡胶中加入适量的纳米材料，其抗折性可提高 5 倍，耐疲劳、耐腐蚀、耐高温及适应战场环境的能力都明显提高。正当设计师为选择“避弹”性能良好的流线外形还是选择“隐形”效果优良的多棱外形举棋不定时，纳米技

术帮助他们定下了决心。美国一个实验室正在研制的一种叫“超黑粉”的纳米材料可吸收 99% 的全频雷达波。这种材料一旦投入使用，在设计坦克时再也不必为追求隐形性能而牺牲坦克的避弹性能，可以放心大胆地根据战场的需要选择避弹性能最好的流线外形。只需将“超黑粉”均匀地涂抹在坦克车体表面就能使坦克“隐形”，让几十吨重的庞然大物在对方雷达的显示屏上消失得无影无踪。

让坦克跑得更快更远：使用纳米材料制造的发动机可以在高温下工作，功率能提高 30% 以上，节约燃料 50% 以上。使用这样的材料可以把发动机制造得非常紧凑，重量功率比和体积功率比高出普通的发动机百余倍。美国麻省理工学院开发的单轴涡轮喷气发动机的重量功率比达到了 50 瓦/克。如果把这样的发动机安装在坦克上，只需占用很小的空间就能为坦克提供强大的动力。这样的坦克能以高档轿车的速度在公路上飞驰。节省下来的空间可以携带更多的燃料和弹药，一次补给可以使坦克战斗很长时间，再也不用因为燃料和弹药的短缺发愁。



让坦克打得更远更准：目前提高坦克火炮威力的主要途径是增大火炮口径和发射药量。这种增加坦克重量的方法与坦克的发展方向背道而驰。纳米技术有望解决这个矛盾。使用纳米材料制造火炮身管，即使不增大口径也能成倍提高火炮的膛压；运用纳米技术加工发射药，可以制成几纳米长的细微颗粒，使发射药的化学反应更迅速、更完全，威力更大。把纳米弹药应用在坦克炮

**拓展阅读**

**装甲材料**

一般来说，装甲材质的厚度、韧性、强度和覆盖面积都要达到一定的程度，才能保证骑士能够承受一般的砍杀和弓箭杀伤。足够的厚度和面积就成了巨大的重量，也就牺牲了机动性。蒙古轻骑兵面对人数众多、以重装甲骑兵为骨干的西欧骑士团时所得到的胜利，就是依靠机动性获得的。

上，可大幅度提高炮弹的初速，增大火炮的威力和射程。纳米技术将使机电系统走向小型化和微型化。制造出来的导航和控制系统尺寸达到毫米甚至是微米级。这些系统能够承受火炮发射炮弹时所产生的近105g的重力加速度，而且性能可靠，造价低廉。如果应用于坦克炮弹制导，可使坦克炮的射击精度提高10倍以上，保证能在任何条件下准确命中目标。如果与GPS标准引信组合使用，这种炮弹还将具有打击低空飞行目标的能力。

让开坦克变得轻松：目前在设计坦克时，为了提高战术技术性能，常常不得不以牺牲乘员的舒适性和安全性为代价。因此，坦克兵不但工作环境恶劣，车体被击中后的伤亡率也一直居高不下。纳米技术将彻底改变这种情况。利用纳米技术制造的微机电操作系统能帮助乘员随心所欲地控制坦克并完成各种复杂的战斗动作，驾驶坦克变得比开高档轿车还容易。纳米微型传感器可以根据需要安装在车内甚至车体外表的任何部位，它能主动探测威胁、识别威胁类型、及时报警，并自动采取相应对策消除威胁。使用碳纳米管制成的面料强度比一般钢铁高十多倍。用这种面料制成的乘员战斗服不但柔软合身，而且防弹、防毒、防火。利用纳米技术研制的热力泵体积可缩小60倍。用这种泵驱动的空调装置重量只有1～2千克，安装到乘员战斗服内，可以让乘员产生四季如春的感觉。乘员穿上这种服装，即使遇有坦克中弹起火等危险情况，也能从容应对。

## ◎纳米智能炸弹

几个月前，美国密歇根大学生物纳米技术中心的一群科学家到犹他州的美国陆军达格维试验场去了一趟。他们此行的目的，是展示“纳米炸弹”的威力。事实上，这种炸弹不会“轰”的一声爆炸。它们是一些小液滴，其大小只有针尖的1/5000，作用是炸毁危害人类的各种微小“敌人”，其中包括含有致命生化武器炭疽的孢子。在测试中，这些纳米炸弹获得了100%的成功率。在民用方面，这些装置也有着惊人的应用潜力。比如，只需调整这些炸

弹中豆油、溶剂、清洁剂和水的比例，研究人员就能使它们具有杀灭流感病毒和疱疹的能力。据说，密歇根大学的这个研究小组正在制造一种更聪明的新型纳米炸弹，这些针对性极强的炸弹能够在大肠杆菌、沙门氏茵或者李氏杆菌进入肠道之前攻击它们。美国军方对纳米炸弹十分感兴趣。

## ◎ 纳米科技与国家安全

大家都记得科索沃战争中的 F117 隐形飞机，因为它是用隐身材料做出来的，表面上涂了层隐身材料，所以雷达看不到它，只有它打你你没法打它，这说明纳米技术在新武器的隐身研制方面所起的作用也是非常重要的。现在不仅有隐身飞机、隐身导弹、隐身坦克，还有隐身军舰等等，纳米技术在高科技武器的研制方面几乎是无所不用。另外，现在的战争已经不是简单的枪对枪、炮对炮的战争，电子信息战非常重要，掌握不了信息的制高点就要被动挨打。而先进的纳米电子学可以取得未来信息战的优势。客观地说，纳米技术已经逐渐走入人们的生活，但是如果要像微电子技术那样产生广泛的深刻的影响，将是十几年或者 30 年以后的事情。它会逐渐进入人们的生活，可以说 21 世纪是纳米科技的世纪。

基础小知识

### 军 舰

军舰，又称海军舰艇，是在海上执行战斗任务的船舶。直接执行战斗任务的叫战斗舰艇，执行辅助战斗任务的是辅助战斗舰艇。

纳米科技的发展，会带来比目前信息技术更大的影响。从战场上的大容量信息，包括数据图像的实时传递、战争的指挥、导弹的预警、核武器的防护，到纳米技术制造的微型侦查装置等等，都会对国家安全产生非常重要的影响。美国国家纳米技术倡议在国家安全方面包含了很多内容。

## 纳米科技与航空航天

1993年美国空间公司在奥地利召开的第44届国际宇航大会上提出了纳米卫星（质量约0.1～10 kg）的概念。这种卫星比麻雀略大，质量不足10kg，各种部件全部用纳米材料制造，采用最先进的微机电一体化集成技术整合，体积小、质量轻、生存能力强，即使遭受攻击也不会丧失全部功能；研制费用低，不需大型实验设施和占地大的厂房；易发射，不需大型运载工具发射，一枚小型运载火箭即可发射千百颗纳米卫星。即使少数卫星失灵，整个卫星网络的工作也不会受影响。纳米卫星的发展极为迅速，美国、俄罗斯等航天大国和许多中小国家均投入大量人力物力加紧研制。目前，我国第一颗纳米卫星也正在研制之中。美军是世界上最依赖太空能力的军队，不论是通信、监督和侦察，还是通过全球卫星定位系统和间谍卫星来运行的精确制导武器系统，都离不开卫星等太空设施。美国能够在全球迅速部署兵力，依靠的也是庞大的卫星系统。可以毫不夸张地说，美国现在打的每一次战争都是太空战争，若失去太空资源将大大挫伤美军的战斗力。

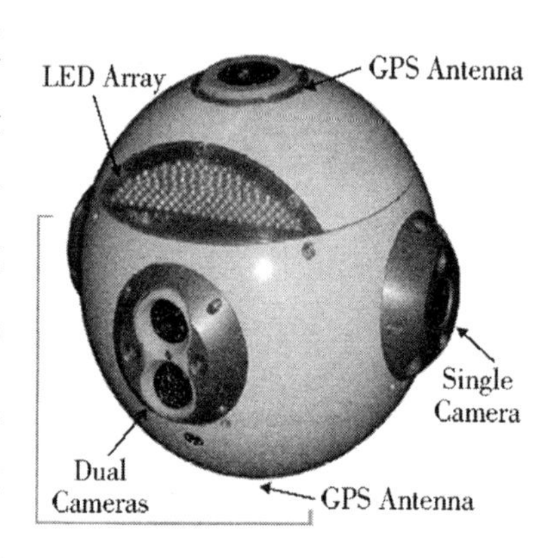

纳米航天卫星

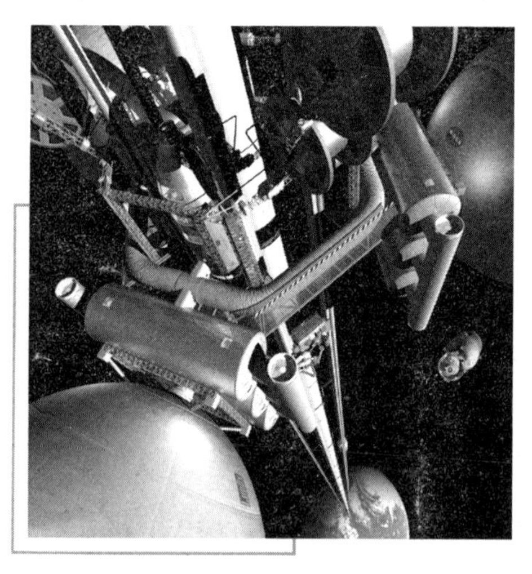
垂直有轨式太空升降机

太空战将成为未来战争的热点，由于目前的航天飞机和宇宙飞机运载能力较低，且发射次数有限，安全性也较差，美国科学家甚至曾经呼吁暂

停使用航天飞机。另一方面，一些发达国家正在加紧研制能够满足太空作战需要的新式太空运载工具。碳纳米管强度比钢高100倍，而重量只有钢的1/6，50000个碳纳米管并排在一起只相当于一根头发丝的直径。这种碳纳米管或类似结构的材料被设想用于制造“太空升降机”，在未来的太空军事化应用中发挥重要作用。

### 宇宙的年龄定义

宇宙年龄定义：宇宙年龄宇宙从某个特定时刻到现在的时间间隔。对于某些宇宙模型，如牛顿宇宙模型、等级模型、稳恒态模型等，宇宙年龄没有意义。在通常的演化的宇宙模型里，宇宙年龄指宇宙标度因子为零起到现在时刻的时间间隔。通常，哈勃年龄为宇宙年龄的上限，可以作为宇宙年龄的某种度量。

应用了纳米技术的各种微型飞行器可携带各种探测设备，具有信息处理、导航（带有小型GPS接收机）和通信能力。美国黑寡妇超微型飞行器长度不超过15cm，成本不超过1000美元，重50g，装备有GPS、微摄像机和传感器等精良设备。德国美因兹微技术研究所的科学家研制成功的微型直升机，长24mm、高8mm、质量为400 mg，小到可以停放在一颗花生上。

纳米铝粉电镜照片

## ◎“高效助燃剂”的奥秘

将纳米粉末作为添加剂加入燃料中可大大提高燃烧率。有研究表明，向火箭固体燃料中加入0.5%纳米铝粉或镍粉，可使燃烧效率提高10%～25%，燃烧速度加快数十倍。

### ◎“太空电梯”的绳索

自从1961年苏联宇航员尤里·加加林第一个进入太空之后，全世界有幸经历太空旅行的人还不到1000人。由于太空旅行的费用极其昂贵，即使NASA同意出售太空旅行的船票，除非你是亿万富翁，否则也只能望空兴叹。不过如今这种情况终于有了转机：有了碳纳米管这种奇特的材料，我们的太空旅行梦有希望了。

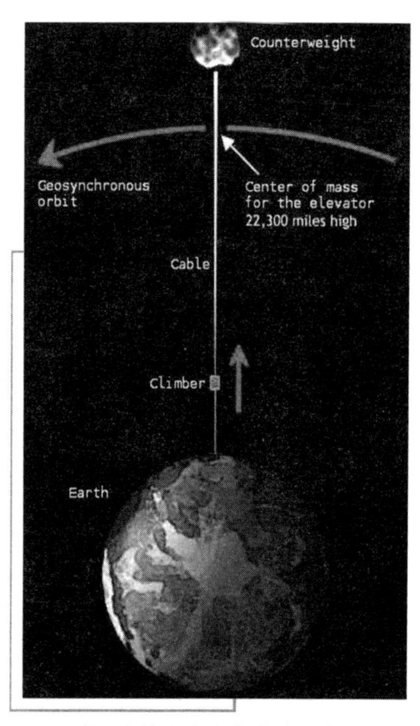

用碳纳米管作太空电梯的绳索

碳纳米管是石墨中一层或若干层的碳原子卷曲而成的笼状“纤维”，内部是空的，外部直径只有几到几十纳米。这样的材料很轻，但很结实。它的密度是钢的1/6，而强度却是钢的100倍。用这样轻而柔软、又非常结实的材料做防弹背心是最好不过的了。如果把碳纳米管做成绳索，它将是唯一可以从月球挂到地球表面，而不被自身重量所拉断的绳索。如果把它做成地球至月球的电梯，那么，人们在月球定居就可能成为现实了。

## 太空的“电子眼”——纳米传感器

美国国家宇航局研究人员在2007年对首台飞行在太空中的以纳米技术为基础的电子设备进行了测试，结果显示他们研制的“纳米传感器”能够成功监测太空飞船中的微量气体。有关专家指出，该技术有望帮助科学家们为太

空飞船乘务舱开发出更小、功能更强的环境监测器和烟雾探测器。

纳米化学传感器单元是美国海军科学研究卫星（MidSTAR－1）的第二项负载试验项目。传感器设备于 2007 年 3 月 9 日升空，5 月 24 日完成试验。位于加州硅谷的艾姆斯研究中心科学家李静说："我们的研究表明，纳米传感器能够在恶劣的太空环境、发射时的剧烈振动和重力不断变化的情况中完好保存下来。"

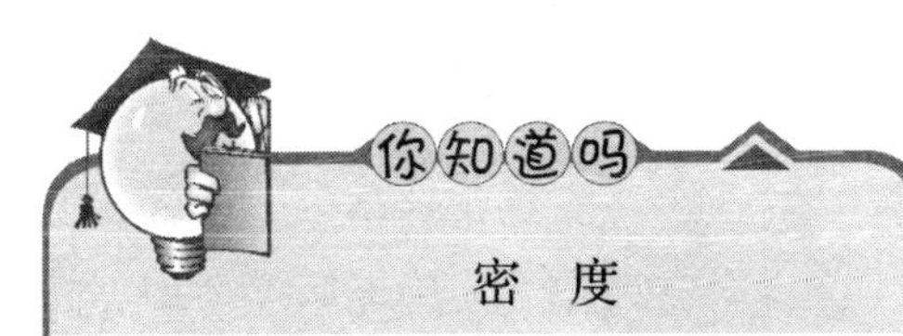


### 密 度

在物理学中，把某种物质单位体积的质量叫作这种物质的密度。符号 ρ（读作 rōu）。国际主单位为单位 为千克/米$^3$，常用单位还有 克/厘米$^3$。其数学表达式为$\rho=m/V$。在国际单位制中，质量的主单位是千克，体积的主单位是立方米，于是取 1 立方米物质的质量作为物质的密度。对于非均匀物质则称为"平均密度"。



知识小链接

### 传感器

传感器是一种物理装置或生物器官，能够探测、感受外界的信号、物理条件（如光、热、湿度）或化学组成（如烟雾），并将探知的信息传递给其他装置或器官。

在长途太空旅行中，有害化学污染物可能会在宇航员的氧气供给设备中逐步积累起来。纳米传感器能探测到即使是很微量的有害物质，并警告宇航员它们可能会造成的麻烦。纳米传感器由镀有感应材料的微小的碳纳米管构成。试验的目的是要证实它们是否能经受得起太空飞行的恶劣条件的考验，同时帮助科学家了解纳米传感器在太空中面对微重力、热和宇宙射线的反应。

科学家使用了一种特殊的感应材料，它能探测到科学家所期望探测到的每一种化学物质。当微小的化学物质接触到感应材料后，它将引起某种化学

正在研制的纳米传感器

反应，导致流经传感器的电流增大或减小。为在太空中进行传感器测试，研究人员在一个小的气室内充入了氮气含量占 20% 的二氧化氮气体，同时气室内还安装着含有 32 个纳米传感器的计算机芯片。测试过程中，仪器记录下了二氧化氮气体和被探测物质发生接触时引起流过纳米传感器电流的变化。

科学家开发的利用碳纳米管和其他纳米微结构组成的化学传感器能够检测氨、氧化氮、过氧化氢、碳氢化合物、挥发性有机化合物以及其他气体。含有 32 个纳米传感器的芯片尺寸不足 2 厘米，与具有相同功能的其他分析仪相比，它不仅尺寸要小而且价格也便宜。其他优点还包括纳米传感器功耗低，且更经久耐用。

**拓展思考**

### 风能的特点

风能量丰富，近乎无尽，广泛分布，干净，可以缓和温室效应，存在于地球表面一定范围内。经过长期测量，调查与统计得出的平均风能密度的概况称该范围内能利用的依据，通常以能密度线标示在地图上。

## 纳米材料——新能源领域的“福音”

预计在最近几年内，人类将在能源，尤其是可再生能源方面，取得重大突破。人们将会拥有更安全的核电站，更高效的太阳能电池。风能、太阳能、海洋能在我们的生活中将得到更广泛的应用。但是，这些目标的实现都离不

开科学，尤其是新材料方面的重大突破。

## ◎ 伟大设计——纳米复合材料模型使核电站更安全

科学家们关于新材料的设想越来越明晰了。他们以纳米为单位来设计新材料（1 纳米等于十亿分之一米）。在这样小的尺寸上，新材料可以拥有自己特性，这些特性可以提供理想的功能，特别是把新材料制成复合材料时，它们的功能就更加强大了。最近一系列研究表明，纳米材料在能源领域拥有广阔潜力。

研究人员已经很好地掌握了纳米材料工程的工作机理。麻省理工大学的迈克尔·蒂米科维茨博士成功地研发出复合材料纳米化的设计模型。通过该模型，人们有望获得纳米复合材料，这些材料将具有其组成物质所没有的、全新的材料特性。

蒂米科维茨博士正在美国洛斯阿拉莫斯国家实验室同一个研究小组进行相关实验。为了加速美国在能源科技领域的研究，美国政府资助了一项历时 5 年、耗资 7.77 亿美元的项目。项目由美国多个科研小组共同完成，洛斯阿拉莫斯国家实验室就是其中的一个小组。

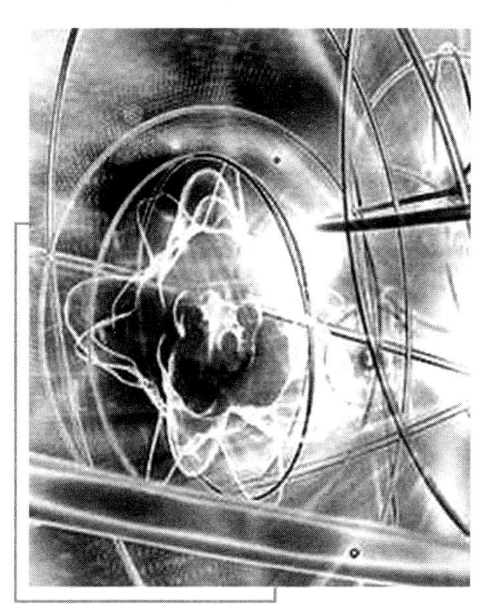

纳米复合材料制成的反应内壁模型

材料学博士蒂米科维茨正在寻找一种抗辐射能力强的物质。这种物质可以代替不锈钢给核反应堆做内壁来延长核反应堆的使用寿命，并将使核燃料得到更高效的利用来提高反应堆的效率。蒂米科维茨博士说："目前，反应堆只利用了大约 1% 左右的燃料。所以即使燃料的利用率仅略有增加，放射性废物的数量也会大幅减少。"

核反应堆的内壁之所以会劣化，是因为当内壁的金属暴露于射线时，金属就会变脆变弱。这个弱点来自金属的晶体结构，这种结构是由高能粒子造成的，如中子撞击到单个原子，并把原子撞离原来位置。这些原子和其他原子发生碰撞，造成的损害蔓延开来就造成孔洞、裂缝。

蒂米科维茨博士说确保纳米复合材料具有抗辐射能力的关键在于组成复合材料的不同物质层与层之间的界面。当不同的物质层越来越薄时，不同物质间的界面就决定了复合材料的特性。不同物质间的界面使得复合材料表现出了原组成物质所不具备的新奇特性。

理想的纳米复合材料不仅能抗辐射损伤，本身也不会通过吸收中子成为放射性物质。蒂米科维茨博士利用他的模型技术来选择可能的材料。铁基的裂变反应堆和将被应用到核聚变上的钨基的核反应堆都是他考虑的材料。这些材料被批准使用在核反应堆上还要一段时间，但是纳米复合材料设计模型本身就是技术上的重大突破了。

## ◎ 穿越光谱——纳米技术使太阳能电池效率更高

在提高太阳能电池效率方面，纳米技术也将发挥更加重要的作用。英国伦敦帝国学院的研究人员在一个叫作“太阳能量子”的展览上披露了最新成果，利用纳米复合材料用来制作“多重接面”太阳能电池。该电池的每一层都能够捕获太阳能光谱中特定的颜色。总的来说，这就比仅仅转换部分光谱的传统太阳能电池有效多了。

纳米技术使太阳能电池效率更高

传统太阳能电池只能把20%左右的太阳能转换成电能，“多重接面”太阳能电池的转换率却已经超过40%，而且根据帝国学院的研究员艾金斯·达克思预测，多重接面太阳能电池有望在10年内把转换率提高到50%。“多重接面”太阳能电池在应用纳米技术进行大规模生产之前成本仍然会很高。研究人员预计，如果通过反射镜把太阳光聚集在太阳能电池上，太阳能发电的成本还会降低。

基础小知识

**电　池**

电池指盛有电解质溶液和金属电极以产生电流的杯、槽或其他容器或复合容器的部分空间。随着科技的进步，电池泛指能产生电能的小型装置，如太阳能电池。电池的性能参数主要有电动势、容量、比能量和电阻。



## ◎ 透明玻璃——纳米复合透明材料

太阳能电池也可应用到建筑物中，如在窗户上。德国弗劳恩霍夫研究所机械材料研究员正在寻找合适的透明材料。这些材料将利用计算机模型来探索原子结构并模拟电子运行模式。来自德国研究所的沃尔夫冈·柯纳说，传导材料和透明材料的良好结合可能会产生完全透视电子。

复合材料的纳米结构也能使较轻的材料拥有很大的机械强度。复合材料，例如以光纤玻璃和碳纤维合成的塑料树脂，已经广泛应用在生产制造业，用来生产汽车和飞机等。通过控制纤维生产过程中的方向，可以产生变形复合材料，这种材料在一定条件下能够改变自身形状。这种变化可以来自外部控制，也可以是自发产生的，例如，由温度、压力和速度而引发的变化。

科学家在英国的布里斯托尔大学先进复合材料创新和研究中心举行的研

讨会透露，这种变形复合材料可以用于生产能效更高的风电和潮汐发电的涡轮叶片。一种双稳态复合材料能够快速改变其空气动力状况，这也将有助于消除叶片上不需要的压力。这将提高其效率，延长叶片的使用寿命，并且改善发电系统。变形复合材料意味着潮汐发电机可以变得更小，在商业上更具竞争力。根据双稳态复合材料的特性，材料科学上的些许变化将为可再生能源创造远大前程。

# 通向未来的纳米世界

SHENQI DE NAMI JISHU

近年来科技的突飞猛进，正使梦幻一般的纳米时代提前到来，空中楼阁变成了真实的世界。很多未来学家甚至乐观地预计，纳米技术在今后二三十年内将从根本上改变人类的处境。预测表明，到 2010 年，全球纳米技术创造的年产值将达到 14400 亿美元，相当于目前法国一年的 GDP。这无疑是一个诱人的“超级蛋糕”。

纳米技术已经悄悄给人类生活带来了种种变化，而对原子和分子的进一步驾驭，将引发一场比微米技术更为深远的大规模变革。在医药保健、计算机、化学和航天等性质迥异的领域，纳米技术更是将成为一种革命性技术。

## 21 世纪——纳米科技的世纪

国家“纳米材料和纳米结构”首席科学家、中科院固体物理研究所博导张立德教授指出，真正的“纳米时代”的到来起码还要等 50～60 年的时间。

纳米时代何时到来

如果可以等到的话，世界将因纳米而改变。

有资料表明，若干年后，纳米电子学将使量子元件代替微电子器件，巨型计算机能装入口袋；通过纳米化，易碎的陶瓷可以变得具有韧性，成为一种重要的工业材料；世界上还会出现 1 微米以下的机器甚至机器人；纳米技术还能给药物的传输提供新的方式和途径，对基因进行定点……

某些纳米材料可杀死癌细胞，有效抑制肿瘤生长，正常细胞组织将丝毫无损，治疗癌症将成为可能。

科学家们开发出一项突破性的晶体管技术，所采用的碳纳米管可以让晶体管变得更小，利用纳米技术制造的芯片也将比现在的硅芯片具有更快的运算速度。

你知道吗

**氮氧化物**

氮氧化物包括多种化合物，如一氧化二氮、一氧化氮、二氧化氮、三氧化二氮、四氧化二氮和五氧化二氮等。

进入纳米时代后，由于纳米技术导致产品微型化，使生产所需资源减少，不仅可达到“低消耗、高效益”的可持续发展目的，而且其成本极为低廉。可以预料，未来那些造成资源浪费、而且造价昂贵的大型机械设备将会逐步被淘汰。

利用纳米技术制造的隐身涂料，不但对雷达波的吸收率达99%，而且还由于纳米磁性材料在一定条件下会产生光发散效应，使其具有了凹透镜的作用。

纳米技术还可以制成非常好的催化剂，其催化效率极高。纳米级催化剂可用于汽车尾气催化，有极强的氧化还原性能，使汽油燃烧时不再产生一氧化硫和氮氧化物，根本无须进行复杂的尾气净化处理。

运用纳米技术开发的润滑剂，既能在物体表面形成半永久性的固态膜，产生极好的润滑作用，大大降低机器设备运转时的噪声，还能延长它的使用寿命。

同时，各种功能的袖珍武器将称雄天下。纳米卫星由于各种部件全部用纳米材料制造，采用最先进的微机电一体化集成技术整合，具有可重组性和再生性，成本低，质量好，可靠性强。一枚小型火箭一次就可以发射数百颗纳米卫星。此外，威力十足的纳米导弹、如同苍蝇般大小的袖珍飞行器、微型间谍飞行器等，都将简化作战准备，导致全新的战争理念产生。

## 纳米产业的发展趋势

### ◎ 信息产业中的纳米技术

信息产业不仅在国外，在我国也占有举足轻重的地位。2000年，中国的信息产业创造了5800亿人民币产值。纳米技术在信息产业中的应用主要表现在四个方面：（1）网络通讯、宽频带的网络通讯、纳米结构器件、芯片技术以及高清晰度数字显示技术。（2）光电子器件、分子电子器件、巨磁电子器件，这方面我国还很落后，但是这些元原器件转为商品进入市场也还要10年时间，所以，我国要超前15年~20年对这些方面进行研究。（3）网络通讯的关键纳米器件，如网络通讯中激光、过滤器、谐振器、微电容、微电极等方面，我国的研究水平不落后。（4）压敏电阻、非线性电阻等，可添加氧化锌纳米材料改性。

### ◎ 环境产业中的纳米技术

纳米技术，一个重要的特征就是在分子级上进行重组、排列加工。因此，

在环境保护尤其是空气净化、污水处理等方面有着巨大的作用。我国现在已经成功研制了一种对甲醛、氮氧化物、一氧化碳能够降解的设备，可使空气中大于10ppm的有害气体降低到0.1ppm，该设备已进入实用化生产阶段。利用多孔小球组合光催化纳米材料，已成功用于污水中有机物的降解，对苯酚等其他传统技术难以降解的有机污染物有很好的降解效果。近年来，不少公司致力于把光催化等纳米技术移植到水处理产业，用于提高水的质量，已初见成效；采用稀土氧化铈和贵金属纳米微粒组合技术对汽车尾气处理器件的改造效果也很明显。

## ◎能源环保中的纳米技术

合理利用传统能源和开发新能源是我国今后的一项重要任务。在合理利用传统能源方面，现在主要是利用净化剂、助燃剂，它们能使煤充分燃烧，并在燃烧当中进行自循环，减少硫排放，不再需要辅助装置。另外，利用纳米技术改进的汽油、柴油的添加剂已经投入使用了。它是一种液态小分子可燃烧的团簇物质，有助燃、净化作用。在开发新能源方面国外的进展较快，主要把非可燃气体变成可燃气体。现在国际上主要研发的是能量转化材料，我国也在进行相关研究，它包括将太阳能转化成电能、热能转化为电能、化学能转化为电能等。

## ◎纳米生物医药

这是我国进入WTO以后一个最有潜力的领域。目前，国际医药行业面临新的趋势，那就是在纳米尺度发展制药业。纳米生物医药就是从动植物中提取必要的物质，然后将其在纳米尺度下组合，最大限度发挥药效。

### 拓展思考

**电能**

电能的利用是第二次工业革命的主要标志，从此人类社会进入电气时代。电能是表示电流做多少功的物理量；电能指电以各种形式做功的能力（所以有时也叫电功）。分为直流电能、交流电能，这两种电能可相互转换。

## 未来精彩的“纳米生活”

实际上在衣食住行的各个方面，将来都会找到纳米技术的影子。

比方说衣，大家现在看广告，已经能看到利用纳米技术做的衣服，它无须清洗。这种纳米材料制成的服装对节约水资源、减少水污染有非常显著的意义。

关于食，纳米是不能吃的，但纳米技术跟我们的食物有关系，比方说，利用纳米技术可以提高农作物的产量，而且利用纳米技术还可以研发绿色化肥、绿色农药，这样大家就不用担心蔬菜清洗后还可能存在的农药残余对身体健康造成的影响。

在住这一方面，日本的科学家发明了一种非常漂亮的技术，就是一种纳米涂料，这种纳米涂料叫作治清洁材料。这种治清洁材料涂到玻璃、墙壁上，可以直接清除污垢、杀菌消毒。如果房屋利用这些材料，大家就不用擦玻璃了，也就解决了高层建筑的玻璃清洁问题。

未来的纳米生活畅想

关于行，用纳米材料制成的绿色环保型汽车既经济又环保。或许将来还有那么一天，人们可以直接利用纳米材料做的电梯登上月球。

## 纳米技术：将彻底改变人们的生活

美国国家科学基金会的纳米技术高级顾问米哈伊尔·罗科预言：“由于纳米技术的出现，在今后30年中，人类文明所经历的变化将会比刚刚过去的整个20世纪都要多得多。”

纳米技术的前景如何？许多未来学家预测，在新的时代里，纳米技术将会从根本上改变人类的生存条件。大量的编程产品将会陆续而来，那些被称为“应用物”的东西将能够按照人类的指令进行组合，从而满足人类丰富多彩的需求，例如，通过分子工程技术，人类可以用它们来生产新酒，其味道却像储存了数十年的陈年佳酿。或者用纳米技术生产一头忠实的生物机械狗，其身上装有开关，随时供人们娱乐之用。

令人更为振奋的是，新型的、超强的、轻薄的纳米物质将会使太空旅行变得更加低廉和容易。人类可以利用纳米技术在土星上营造与地球相似的大气层。地球人“挤”到受不了时，也可以进行太空移民。通过“纳米药物”新技术，人类可以将生命无限延长，方法是当老细胞坏死时，用一个个的分子生产出新的细胞即可。

纳米技术将会给我们带来不可思议的震撼和变化，纳米技术实实在在地走进了我们的生活，并将带给我们一个又一个的惊喜。

## 未来的纳米科技

### ◎ 纳米产品是未来新宠　纳米技术研究走向何处

纳米技术具有许多诱人的特点：其产品的体积仅仅为分子般大小，但精密和复杂程度宛如人体的细胞，
而且坚硬程度可达到钢铁的100倍，它是未来新技术的希望之星。专家预测，纳米技术在未来将掀起一场新的工业革命。美国专家更认为，2015年纳米技术产品的全球市场总值将达到1万亿美元。

纳米产品是未来新宠，原则上讲，纳米技术通过操纵原子可以生产出各种产品，这将彻底改变我们日常生活中的产品及其生产方式。迄今为止，虽然只有抗玷污纺织品、新鲜食品外包装等采用了纳米技术的产品进入了市场，但有科学家预计，纳米技术产品最终将成为全球市场的主宰。

美国麻省理工大学化工工程学教授乔治·斯泰范诺普勒思指出，“纳米技术将成为无处不在的技术”。他的观点呼应了其他纳米技术的支持者，他们认为，工业化国家目前即将进入在制造业全面使用纳米技术的阶段。

借助于显微技术的最新进展，科学家目前已经能够将单个原子置放于任意地方。该技术的潜在应用前景非常巨大，在它的支持下，我们不久将会看到显微计算机、能够杀死癌细胞的遥控天线、无污染的汽车发动机等产品问世。

然而，目前的最大难题在于科学家对纳米技术未来趋势的看法存在巨大分歧。这导致了投资者对纳米技术信心不足，他们甚至怀疑，到 2015 年，纳米技术产品的全球市场份额是否能达到美国专家的预测。

纳米发展需要迈过门槛！根据大多数预测，纳米技术将在未来 10 ~ 20 年趋于成熟。但在此之前必须克服下列主要障碍。

人们首先面临的障碍是缺乏能带来经济效益的规模生产。一些相当复杂的设备需要将亿万个原子进行精确的放置，麻省理工大学机械工程学乔治·巴巴斯塔帝斯指出，“这种设备的构建工作有可能耗费宇宙的整个生命历程。”

另外一个挑战是如何在纳米量级和宏观量级之间建立有效的桥梁。当将纳米量级的设备同尺寸较大的导线连接时，技术上是难以实现的，在这种情况下，任何设备将毫无用处。目前尚不清楚科学家如何解决这些难题。麻省理工大学材料科学和工程学的弗朗西斯科·史泰拉斯教授说：“目前关于制造纳米级量级小型设备的很多假设都不太合理。”

此外，人们还担心当纳米技术开始进入实用阶段时，会将人类“带入歧途”。众所周知，目前人们对“超级种子”（转基因作物）以及“怪物食品”（转基因食品）的担忧，阻碍了生物

**基金会**

基金会，是指利用自然人、法人或者其他组织捐赠的财产，以从事公益事业为目的，按照条例规定成立的非营利性法人。基金会分为面向公众募捐的基金会和不得面向公众募捐的基金会。

技术在农业中的应用；对克隆婴儿的担忧阻碍了人类干细胞的研究进展。由于担心纳米技术的副作用，世界上一些环保组织呼吁暂停纳米技术的研究工作，直到人们充分认识它对社会、环境乃至人类健康的影响。

尽管存在上述担忧，世界各国并没有放慢对纳米技术的研究步伐。2003年，在世界各国对这项尖端技术的研究还是给予了极大的支持。美国国会增加了37亿美元的经费，专门用于未来4年对纳米技术的研究工作；与此同时，欧盟和日本也对纳米技术的研究工作给予了巨额投资。

在政府数以亿计美元的投资和潜在利益面前，世界一些大型公司也不甘示弱，美国通用公司、摩托罗拉公司、IBM公司纷纷投巨资进行纳米技术研究工作。与此同时，一批从事纳米技术的新企业也应运而生，如休斯敦的碳纳米技术（CNI）和三菱化工的合资企业 Frontier Carbon 等。麻省理工大学的研究结论认为：从世界范围来看，电子工业和生物技术工业将很有可能最先利用纳米技术。在生物技术领域，科学家对从黄金中得到的所谓“纳米粒子”寄予厚望，期望它能够触发遥控设备以用于加热和杀死单一的癌细胞个体。正是这些令人向往的前景激励着纳米技术的研究工作。这同20世纪80年代初的情况相似，当时，生物技术的诱人前景激励着科学家和企业家，他们经过通力协作，使得基因技术的研究工作不断取得新的进展。

与其他高新技术相比，纳米技术同样具有创造财富的巨大机会，但是风险投资家对于如何实现这种设想存在着不同的看法。生物技术的新产品绝大多数用于治疗人类的各种疾病，而以纳米技术为基础的产品，可能被应用于健康保护和航空业等，这对那些仅接受某一个专业领域训练的风险投资家提出了严峻的挑战。目前，即使最有经验的风险投资家也难以确定纳米技术的未来前景。

## ◎ 纳米武器——展望未来

技术进步不停，武器发展不止，军事领域的变革一浪高过一浪，未来的战场又将是怎样一番光景呢？有人设想，未来将会爆发这样的战争：战场上看不到双方的作战部队，飞机、坦克、大炮都被天空中飞旋的大量苍蝇、黄蜂样的

微型无人飞行器和地面上成群结队的蚂蚁样的微型机器人部队所替代，交战就像发生在小人国里的神奇战争，在普通人无法察觉的时候胜负已见分晓。

知识小链接

**黄蜂**

黄蜂又称为“胡蜂”、“蚂蜂”或“马蜂”，是一种分布广泛、种类繁多、飞翔迅速的昆虫。属膜翅目之胡蜂科，雌蜂身上有一根有力的长螯针，在遇到攻击或不友善干扰时，会群起攻击，可以致人出现过敏反应和毒性反应，严重者可导致死亡。黄蜂通常用浸软的似纸浆般的木浆造巢，食取动物性或植物性食物。

随着尖端高新技术——纳米技术的发展，这种袖珍战争正在一步步走来。由于有了这种新技术，将来会出现与现在完全不同的新式武器，并由此引发战争形态的巨大变化。美国兰德公司和国防研究所在对未来技术进行充分的研究后认为，纳米技术将是“未来驱动军事作战领域革命”的关键技术。可以说，又一次新军事革命的曙光正悄然越过地平线，将在未来某时的刹那之间把一种前所未闻的新型战争呈现于世人面前。

## ◎中国纳米技术将应用于环境能源及人类健康领域

“中国纳米技术专利申请，无论是质量或数量都处在一个很不错的水平，目前中国的纳米技术准备应用到环境、能源、医药等领域。”中国科学院院士、国家纳米科学中心首席科学家解思深，通过数据和图表分析表示，纳米在中国正进入到一个稳定发展的阶段，纳米科研现仍保持旺盛势头。

在兰州举行的中德纳米技术及纳米标准化前沿论坛，有纳米材料国际委员会前主席 H. 哈恩教授、俄罗斯科学院院士伊万诺夫、美国化学学会《ACS NANO》主编保罗·韦斯、法国科研中心光子与纳米结构实验室主任王肇中研究员、清华大学薛其坤院士等来自中国、德国、美国、俄罗斯、法国、新加坡六个国家的专家、教授和各国的代表共一百余人参加。中德纳米技术及纳米标准化前沿论坛是纳米理论以及技术研讨的世界著名论坛。

虽然纳米技术未来会净化污染，改善水质，但也会产生一些副作用，纳米的粉尘、颗粒会反作用于空气和水源。对于这一点，解思深院士说："我们正在做这一方面的科研，未来10～15年，纳米技术将广泛应用于人们的生活，对于环境的改善、医药的生产、能源的清洁都会有积极的作用。"

据了解，我国在纳米材料科学、纳米机械学、纳米显微学、纳米测量学以及纳米电子学和纳米生物学等纳米技术研究和应用方面进展迅速，在纳米材料制备与合成、纳米材料计量、测量和表征技术及纳米材料的基础研究、应用研究和开发研究均取得重要成果。

## 纳米技术会影响环境安全吗

在科学界的日历上，如果2008年11月20日属于干细胞的话，那么接下来的一周则注定属于纳米安全性研究了。

2008年11月25日，英国《自然—纳米技术》杂志公布一份报告称，调查结果显示，科学家们虽然认同他们所从事的纳米研究将给医学、环保、国防等领域带来突破，却对纳米技术可能给环境和人类健康带来的风险而担忧。

焚烧的垃圾中含有纳米颗粒

报告在全美范围内电话调查了363名纳米技术科学家、工程师和1015名非专业人士，20%的受访科学家担心，纳米技术可能对环境构成新形式的污染；非专业受访者中，只有15%持有相同观点。超过30%的科学家担心纳米科技可能给人类健康带来风险；而在非专业受访者中，抱有这种担心的只有20%。

2008年11月27日～29日，在以"纳米技术与环境安全"为主题的第314次香山科学会议上，四十多位中国科学家通过讨论，把社会各界对纳米安全性的关注作为纳米技术发展的重要约束条件。

## ◎负面效应逐渐被关注

纳米科技是21世纪的主流技术之一，目前人造纳米材料已经广泛应用到医药、染料、涂料、食品、化妆品、环境污染治理等传统或新兴产业中，人们在生产与生活中接触到纳米材料的机会越来越多。同时，环境中也存在大量天然的和工业生产所带来的纳米尺度物质，如柴油车的尾气、工厂烟囱排出的废气、垃圾焚烧产生的气体、沙尘暴等都含有大量的纳米颗粒。北京大学化学与分子工程学院刘元方院士说，随着纳米科技的迅猛发展，各种性能优异的纳米材料已经从实验室走出来，成为触手可及的商品，但除了产品功能，这些新型材料对生态环境的影响远远没有被我们了解。

基础小知识

### 沙尘暴

沙尘暴是沙暴和尘暴两者兼有的总称，是指强风把地面大量沙尘物质吹起并卷入空中，使空气特别混浊，水平能见度小于1000的严重风沙天气现象。其中沙暴系指大风把大量沙粒吹入近地层所形成的挟沙风暴；尘暴则是大风把大量尘埃及其他细粒物质卷入高空所形成的风暴。

残留在水中的悬浮纳米颗粒如纳米氧化钛对人体有没有伤害？作为药物载体的纳米四氧化三铁对人体的皮肤和其他器官有没有伤害？具有抗菌功能的银纳米颗粒对人体的皮肤有没有影响？几个纳米的硫化镉等的纳米标记材料植入生物体内会不会产生毒副作用？中国科学院固体物理研究所研究员张立德在题为《环境纳米科技研究的新动向和机遇》的主题评述报告中说，过去20年人们对纳米材料正面效应的研究取得了丰硕成果，但对纳米材料可能存在的负面效应一直未作重点研究，对纳米材料向各个领域渗透可能产生的环境缺乏足够的认识。从2004年开始，研究人员逐渐关注纳米材料可能产生的毒副作用，并不断有各种纳米材料负面效应研究报告相继发表。

## ◎ 环境安全成为驱动力

2008 年，以“纳米技术与环境安全”为主题的香山会议上，会议执行主席、中科院物理研究所解思深院士认为，日益突出的环境问题正在引起各国政府和民众的高度重视，解决环境问题向科学家提出了新要求。纳米技术的发展给环境带来一系列新挑战，需要用严谨的科学态度去研究去分析和回答。

近年来，为了节省资源和能源，人们对提高石油和煤的燃烧效率做出了很大努力。其中，纳米材料在此应用的潮流中扮演了重要角色，如纳米氧化铈提高了汽油和柴油燃烧效率，减少了二氧化硫、一氧化碳和碳氢化合物的排放，纳米氧化铈和过渡族金属硫化物对提高煤的燃烧效率、减少硫的排放也有好的效果。

另外纳米材料在解决持续有毒物快速检测方面存在明显的优势。纳米材料和纳米结构具有高比表面积、高活性、强吸附等特性，结合表面生化修饰技术，可望对持久性有机污染物实现高选择性吸附和快速富集。利用纳米材料有利于电子交换的特性和较强的氧化还原效应，可以利用电化学手段对持久性有机污染物进行广谱测量，也可以通过表面生化修饰对某种污染物进行高选择性探测。它的优势是传统材料无法代替的。

## ◎ 安全风险评估是当务之急

中科院生态环境研究中心环境水质学国家重点实验室汤鸿霄院士指出，大量研究文献表明，纳米材料的潜在风险是确实存在的，需要密切关注。由于效应实证、方法规范、控制体制等诸多方面都处于初期阶段，赶不上纳米技术生产和应用本身的迅速进展。

目前需要解决的问题是，原来没有毒性的化学物质到了纳米尺度后产生的变化是否会给环境安全带来新的风险。目前有关尺度、形貌对毒性的影响，纳米材料与其他物质相互作用，外界环境如温度、光线、pH 值对暴露在环境中的纳米粒子可能带来的安全风险等方面的研究甚少，基本处于空白状态。

因此，需要着手建立纳米尺度有毒化学物质的数据库，进一步明确划分纳米尺度中有毒化学物质的范围，重点防范这些物质在生产和应用过程中对环境安全造成的危害。

同时，在纳米改性升级产品中，对纳米材料存在引起环境安全风险的研究，也才刚刚引起人们的注意。其中最值得注意的是化工产品，如农药、化肥、杀虫剂，因为这些产品与农业关系密切。纳米材料改性后产品功能升级，提高了使用效率，但是无机纳米粒子和有机修饰的纳米粒子，以及纳米尺度的有机金属离子的络合物却直接暴露在空气、水和土壤中，它们给环境安全带来的潜在风险应引起高度重视。



## ◎ 别重蹈转基因农业的覆辙

2007 年，在北京香山科学会议上，会议执行主席、中国环境监测总站魏复盛院士指出，对待任何事物都要一分为二，纳米材料对环境的影响同样如此，不能简单地说这个纳米材料有毒，那个纳米材料无毒，关键是要拿出有说服力的科学依据。应当看到，纳米材料是否会对环境造成影响，需要进行长期观察和研究，不是一天两天就能搞清楚的。

于是，理性的担忧与夸张的胡说并存，这两者不仅容易混淆，而且后者更能吸引注意。科学界担心，在有关纳米技术安全性的争论中，那些极端言论会带来不必要的混乱，如同转基因技术的遭遇一样。有些转基因作物的反对者曾经表示不吃任何“含有 DNA 的食物”——这句著名的“蠢话”在公众中并不是没有市场。

有远见的科学家认为，如不及时开展安全研究并与公众对话，毫无科学根据的言论就会继

**柴油又称油渣**

柴油又称油渣，是石油提炼后的一种油质的产物。它由不同的碳氢化合物混合组成。它的主要成分是含 10～22 个碳原子的链烷、环烷或芳烃。它的化学和物理特性位于汽油和重油之间。

续大行其道，纳米技术会重蹈基因农业的覆辙。

魏复盛院士认为，解决纳米技术与环境安全问题需要纳米材料制造专家、环境治理专家、流行病学专家、医学和卫生学专家以及从事毒理毒性研究的专家共同努力，集中人力、财力、物力选择 1 ~ 2 个应用最为广泛、最有市场前景的纳米材料进行综合的、跨学科的研究。

与会专家认为，环境安全是涉及到纳米技术、化学和物理等的多学科交叉的问题，既是国际科学前沿，也是与人类健康和生活环境密切相关的重要社会课题。目前，纳米技术的环境安全标准和评价系统尚未完全建立。为此，专家们有如下建议：第一，预防纳米材料环境风险应把好源头关，在生产纳米材料的各个工业环节防止纳米材料的泄漏，发展监控纳米材料泄漏的技术和装置，并确定各项安全指标，制定安全操作条例和产品保存及运输的方式；第二，发展纳米材料回收、再利用和再处理技术，对不能回收的纳米材料，必须发展绿色处理技术，努力做到不给环境带来二次污染；第三，在应用纳米材料对环境进行修复治理时，在发展增强纳米效应技术的同时，必须确保这些技术不会给环境带来二次污染。

纳米材料的安全性研究已得到越来越多的重视，诸多发达国家已制定出长远战略性规划并付诸行动。我国亟待从战略角度出发，制定切实可行的纳米材料安全性研究的近期和长远规划。

不管如何，对于一种新技术持有防患于未然的心态是正确的，但是我们也不能抹杀了纳米材料与技术在环保中所起到的重要的作用。

## 纳米的“绿色”之面

随着纳米材料和纳米技术在环保方面的应用更加广泛，将会给我国乃至全世界在治理环境污染方面带来新的机会。

### ◎ 纳米技术在治理有害气体方面的应用

大气污染一直是各国政府需要解决的难题，空气中超标的二氧化硫（$SO_2$）、

### 氧化铁也就是铁锈

氧化铁，别名磁性氧化铁红、高导磁率氧化铁、烧褐铁矿、烧赭上、铁丹、铁粉、红粉、威尼斯红（主要成分为氧化铁）、三氧化二铁。化学式 $Fe_2O_3$，溶于盐酸，为红棕色粉末。其红棕色粉末为一种低级颜料，工业上称氧化铁红，用于油漆、油墨、橡胶等工业中，可做催化剂，玻璃、宝石、金属的抛光剂，可做炼铁原料。

一氧化碳（CO）和氮氧化物（NOx）都是影响人类健康的有害气体，纳米材料和纳米技术的应用能够最终解决产生这些气体的污染源问题。工业生产中使用并作为汽车燃料的汽油、柴油，其成分中含有硫的化合物在燃烧时会产生二氧化硫气体，是二氧化硫的最大污染源。所以石油提炼工业中有一道脱硫工艺以降低其硫的含量。纳米钛酸钴（$CoTiO_3$）是一种非常好的石油脱硫催化剂。以55～70nm为半径的钛酸钴作为催化活体多孔硅胶或A1203陶瓷作为载体的催化剂，催化效率极高。经它催化的石油中硫的含量小于0.01%，达到国际标准。工业生产中煤的燃烧也会产生 $SO_2$ 气体，如果在燃烧的同时加入一种纳米级助烧催化剂，不仅可以使煤充分燃烧，提高能源利用率，而且会使硫转化成固体的硫化物，不产生二氧化硫气体，从而杜绝有害气体的产生。最新研究成果表明，复合稀土化物的纳米级粉体有极强的氧化还原性能，这是任何汽车尾气净化催化剂所不能比拟的。它的应用可以彻底解决汽车尾气中一氧化碳和氮氧化物的污染问题。以活性炭作为载体，纳米 Zr0.5 Ce0.5 $O_2$ 粉体为催化活性体的汽车尾气净化催化剂，由于其表面存在 $Zr^{4+}/Zr^{3+}$ 及 $Ce^{4+}/Cr^{3+}$，电子可以在其三价和四价离子之间传递，因此具有极强的电子得失能力和氧化还原性，再加上纳米材料比表面大、空间悬键多、吸附能力强的特点，因此它在氧化一氧化碳的同时也可以还原氮氧化物，使它们转化为对人体和环境无害的气体——二氧化碳和氮气。而新一代的纳米催化剂，将在汽车发动机汽缸里发挥催化作用，使汽油在燃烧时就不产生一氧化碳和氮氧化物，无需进行尾气净化处理。

## ◎ 纳米技术在污水处理方面的应用

污水中通常含有有毒有害物质、悬浮物、泥沙、铁锈、异味污染物、细菌病毒等。污水治理就是将这些物质从水中去除。由于传统的水处理方法效率低、成本高、存在二次污染等问题，因此污水治理的问题一直得不到很好解决。纳米技术的发展和应用很可能彻底解决这一难题。污水中的贵金属是对人体极其有害的物质。而贵金属从污水中流失也是资源的浪费。新的一种纳米技术可以将污水中的贵金属如金、钌、钯、铂等完全提炼出来，变害为宝。

一种新型的纳米级净水剂具有很强的吸附能力。它的吸附能力和絮凝能力是普通净水剂三氯化铝的 10～20 倍。因此它能将污水中悬浮物完全吸附并沉淀下来。这种纳米净水剂会先使水中不含悬浮物，然后采用纳米磁性物质、纤维和活性炭的净化装置，有效地除去水中的铁锈、泥沙以及异味等污染物。经前二道净化工序后，水体清澈，没有异味，口感也较好。这是因为细菌、病毒的直径比纳米大，在通过纳米孔径的膜和陶瓷小球时，就会被过滤掉，水分子及水分子直径以下的矿物质、元素则被保留下来。该技术在医学领域的血液透析中已开始应用，有“体外肾脏”之称。肝、肾衰竭者饮用这种水后，会大大减轻肝、肾脏的负担。

## ◎ 纳米 $TiO_2$ 与环境保护

由于纳米 $TiO_2$ 除了具有纳米材料的特点外，还具有光催化性，使得它在环境污染治理方面将扮演极其重要的角色。

（1）降解空气中的有害有机物。近年来，随着室内装潢涂料用量的增加，室内空气污染问题越来越受到人们的重视。调查表明，新装修的房间内空气中有机物的浓度高于室外，甚至高于工业区。目前已从空气中鉴定出几百种有机物质，其中有许多物质会对人体有害，有些甚至是致癌物。对室内主要的气体污染物甲醛、甲苯等的研究结果表明，光催化剂可以很好地降解这些物质，其中纳米 $TiO_2$ 的降解效率最好，达到将近 100%。其降解机理是在光

照条件下将这些有害物质转化为二氧化碳、水和有机酸。纳米 $TiO_2$ 的光催化剂也可用于石油、化工等产业的工业废气处理，改善厂区周围空气质量。

（2）它可以降解有机磷农药。这种 20 世纪 70 年代发展起来的农药品种占我国农药产量的 80%，它的生产和使用会造成大量有毒废水。这一环保难题，通过使用纳米 $TiO_2$ 来催化降解可以得到根本解决。

（3）用纳米 $TiO_2$ 催化降解技术来处理毛纺染整废水，具有廉价、高效、节能的特点，最终能使有机物完全矿化、不存在二次污染，显示出良好的应用前景。

（4）在石油开采运输和使用过程中，有相当数量的石油类物质废弃在地面、江湖和海洋水面，用纳米 $TiO_2$ 可以降解石油，解决海洋的石油污染问题。

（5）用纳米 $TiO_2$ 可以加速城市生活垃圾的降解，其速度是大颗粒 $TiO_2$ 的 10 倍以上，从而解决大量生活垃圾给城市环境带来的压力。

（6）一般常用的铜银离子发生器能使细胞失去活性，但细菌被杀死后，会释放出致热和有毒的成分，如内毒素。内毒素是致命物质，可引起伤寒、霍乱等疾病。利用纳米 $TiO_2$ 的光催化性能不仅能杀死环境中的细菌，而且能同时降解由细菌释放出的有毒复合物。在医院的病房、手术室及生活空间细菌密集场所放置纳米 $TiO_2$ 的光催化剂还具有除臭作用。

（7）纳米 $TiO_2$ 由于表面具有超亲水性和超亲油性，因此具有自清洁效应，即其表面具有防污、防雾、易洗、易干等特点。如将 $TiO_2$ 玻璃镀膜置于水蒸气中，玻璃表面会附着水

**趣味点击　有机酸的分布**

在中草药的叶、根、特别是果实中广泛分布，如乌梅、五味子，覆盆子等。常见的植物中的有机酸有脂肪族的一元、二元、多元羧酸如酒石酸、草酸、苹果酸、枸橼酸、抗坏血酸等，亦有芳香族有机酸如苯甲酸、水杨酸、咖啡酸等。除少数以游离状态存在外，一般都与钾、钠、钙等结合成盐，有些与生物碱类结合成盐。脂肪酸多与甘油结合成酯或与高级醇结合成蜡。有的有机酸是挥发油与树脂的组成成分。

雾，紫外线光照射后，表面水雾消失，玻璃重又变得透明。在汽车挡风玻璃、后视镜表面镀上 $TiO_2$ 薄膜，可防止镜面结雾。实验表明，镀有纳米 $TiO_2$ 薄膜的表面与未镀 $TiO_2$ 薄膜的表面相比，前者显示出高度的自清洁效应。一旦这些表面被油污等污染，因其表面具有超亲水性，污染物不易在表面附着，附着的少量污物在外部风力、水淋冲力、自重等作用下，也会自动从 $TiO_2$ 表面剥离下来。阳光中的紫外线足以维持 $TiO_2$ 的薄膜表面的亲水特性，从而使其表面具有长期的自洁去污效应。这一特性的开发利用将改变人们对涂层功能的认识，从而给涂层材料带来一次新的革命。今后将广泛应用于汽车表面、建筑物玻璃外墙等。由于纳米 $TiO_2$ 光催化剂具有良好的化学稳定性和抗磨损性、成本低、制备的薄膜透明等优点，已成为目前最引人注目的环境净化材料，更重要的是它能直接利用太阳光、太阳能、普通光源来净化环境。

总之，随着纳米材料和纳米技术基础研究的深入和实用化进程的发展，特别是纳米技术与环境保护和环境治理进一步有机结合，许多环保难题，诸如大气污染、污水处理、城市垃圾等将会得到解决。我们将充分享受纳米技术给人类带来的洁净环境。

## 未来的医学因纳米而变革

### ◎ 医学纳米机器人：未来的体内医生

你持续发烧，但医生既没有给你开药，也没有打针，而是提供了一种特别的医疗方式——往血液里植入一种微小的机器人。这种机器人探测到了发烧原因，摇着一对尾巴状的附加物，游过了动脉和静脉，运行到适当的位置，直接对感染部位进行治疗。

这听起来像是科幻小说。但有一个好消息是，可能不久之后，这种新型机器人就能应用于实际的医疗程序中。全球的工程师们正致力于设计这种

“医学纳米机器人”，并最终用于治疗从血友病到癌症的所有疾病。

基础小知识

**静脉**

静脉是导血回心的血管，起于毛细血管，止于心房。体静脉中的血液含有较多的二氧化碳，血色暗红。肺静脉中的血液含有较多的氧，血色鲜红。小静脉起于毛细血管，在回心过程中逐渐汇合成中静脉、大静脉，最后注入心房。



## ◎有时候，小比大好

1959年，美国加利福尼亚理工学院教授理查德·费因曼向全世界的工程师发出了挑战。他寄希望于有人设计出一种超小电动机，能放入边长0.4毫米的立方体中。这样，工程师们就能够开发出新的生产方法，用于新兴的医学纳米机器人领域。

翌年，比尔·麦克里兰制造出了合乎规格的发动机，要求获得奖励。虽然麦克里兰并未能设计出新的生产方法，费因曼还是奖励了他。

这个挑战任务是艰巨的。人类的血液循环系统由静脉和动脉构成，极端复杂，医学纳米机器人必须又小又灵活，才能在里面畅通无阻。同时，还要携带治疗药物或微型工具。如果医学纳米机器人并非永远留在病人体内，它还必须找到出口。

医学纳米机器人在人体内工作

在面临的所有问题中，导航机制是科学家们尤为重点考虑的。关于导航的各种研究方案都包含了积极和消极两面，研究者的目光集中在两处：外部系统和机载系统。

外部导航系统将医学纳米机器人定位到正确位置的方法有很多，其中一种是向患者体内发送超声波信号，以检测医学纳米机器人的位置，并指引它去目的地。其他探测医学纳米机器人的方法包括放射性染料、X 射线、无线电波或热量等。机载系统又叫内部传感器。一个带有化学传感器的医学纳米机器人可以探测并根据特定的化学品追踪，找到正确的位置；带有光谱传感器的医学纳米机器人则能够从周围的组织上采样，对样本进行分析，找到正确组合化学品的方法。

## ◎引擎何来

和导航系统一样，纳米技术专家们也需要从内外两方面来考虑为机器人提供动力。一些设计使得医学纳米机器人能够利用患者体内某些物质来产生所需动力；另一些则让机器人自带动力发生装置；此外，还有一些设计则选择在患者体外为机器人提供动力。

医学纳米机器人可以直接从血流中获取能量——一个配有电极的医学纳米机器人利用血液中的电解液就可以变身为一节电池。此外还可以通过化学物和血液的反应产生能量。医学纳米机器人可以携带少量化学物，这些化学物与血液结合，就能变成一种燃料。

人的体温也可以产生能量，这就是所谓的“塞贝克效应”，但这种方式需要有温差才能实现。将两种不同的导电体在不同的温度下相互连接时，导电体会变成热电偶，这两种物质之间会因温度不同而产生电压差，从而产生能量。但真实情况是，要想在人体内形成温差十分困难，这种方法也只能暂时成为假想。

尽管制造一种小到足以放进医学纳米机器人体内的电池是有可能的，但这种方式也不太被看好。因为电池所能提供的能量和其本身的体积及重量有关，一个很小的电池不足以保证医学纳米机器人所需的全部能量。另一种选

择是利用核能，无疑这种想法让很多人感到不安——虽然这种情况下的核物质所需很少。有一些专家认为，核能的安全性容易得到保证，然而，公众对于核能的固有偏见，让这种方式最不可能被采用。

让我们来看看外部功能系统。可以通过一根线，将医学纳米机器人和外部世界的能量源相连。这根线既要很牢固，又要保证在人体内可以自由移动，且不会对其造成伤害。这种物理意义上的连接线可以通过电能或者光能为机器人提供能量。

如果不使用有形的连接线，则可以利用微波、超声波信号以及磁场。微波最不可行，因为患者的身体会吸收微波，使体温提高，从而损害组织。带有压电膜的医学纳米机器人可以收集超声波信号，并转换成电流。利用磁场系统，可以直接操控医学纳米机器人，或者以之引导机器人内封闭电路里的电流。



## ◎在血液中自由驰骋

如果医学纳米机器人不被设定为随血液流动而流动，那么它就需要有一种动力使其在人体中移动。

有时，医学纳米机器人需要逆血液流动方向移动，因此动力系统必须足够强劲，并因其大小而有所不同。另一个必须要考虑的因素是机器人的设计要保证患者安全，移动系统不能给病人造成任何伤害。

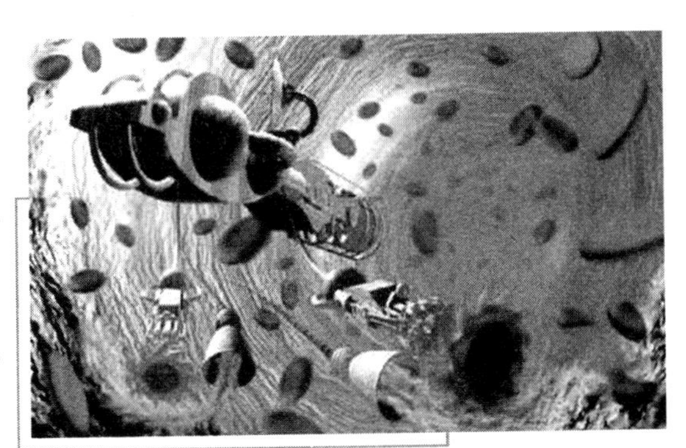

医学纳米机器人在血液里驰骋

一些科学家正在研究微生物体系，希望能从中得到灵感。比如大肠杆菌，通过舞动尾巴一样的鞭毛，可以向任意方向自由移动。类似的还有纤毛，靠划动纤毛，草履虫可以在水中自由驰骋。

以色列科学家发明了一种微型机器人，只有几毫米大小。这种机器人可

以借助细小的附属肢体在血管中附着和移动。科学家们通过在病人的体外制造磁场来操控这些附属肢体的动作。磁场能使机器人的肢体振动，并且在血管中运动。

科学家们希望这种相对简化的设计能创造出更小的机器人。

其他发明听起来更加不可思议。人们可以利用电容器来产生磁场，使导电液体从电磁泵的一头喷射到另一头。这种情况下医学纳米机器人的移动看起来就像一架喷气式飞机。小型的喷气泵甚至可以利用血浆来移动医学纳米机器人，当然这种泵和电磁泵不太一样，它必须是可移动的。

还有一种医学纳米机器人移动的方式是通过振动膜。通过膜的交替收缩和扩张，医学纳米机器人可以产生微弱的动力。对于医学纳米机器人来说，这种微小的动力已经足够使其移动。

## ◎ 未来的体内医生

按照设想，这些通过显微镜才能看到的医学纳米机器人，将能够治疗很多疾病。

虽然只能携带很小剂量的药品或小型设备，但很多医生和工程师认为，精确地使用这些工具将比多数传统治疗方法更加有效。比如，很多人都知道，由于抗生素在病人的血液里流动时会被稀释，只有一部分能到达感染的部位。因此，为提高患者免疫能力，医生需要为患者注射大剂量抗生素，不可避免地带来副作用的困扰。然而，医学纳米机器人（或一

**趣味点击　留住灵感的好方法**

灵感往往“来不可遏，去不可止”，如不及时捕捉，就会跑得无影无踪。因此，必须随身携带纸和笔，一旦有灵感就随时记录下来。英国著名女作家艾丽·勃朗特年轻时，除了写作，还要承担繁重的家务劳动。她在厨房煮饭时，总是带着笔和纸，一有空隙，就立刻把脑子里涌现出的思想写下来。大发明家爱迪生、大画家达·芬奇等也都是这样，他们经常随手记下自己在睡前、梦中、散步休息时闪过头脑的每个细微意念。

组医学纳米机器人）可以直接前往感染部位，提供小剂量却有效的药物治疗，相应减少药物的副作用。

有些工程师、科学家以及医生认为，医学纳米机器人的应用有着无限潜力，其中最有应用前景的是治疗动脉粥样硬化、抗癌、去除血块、清洁伤口、帮助凝血、祛除寄生虫、治疗痛风和粉碎肾结石。

以治疗肾结石为例，医学纳米机器人可以携带小型超声波信号发生器，通过发射超声波直接粉碎肾结石。

**知识小链接**

### 肾结石

肾结石指发生于肾盏、肾盂及肾盂与输尿管连接部的结石。多数位于肾盂肾盏内，肾实质结石少见。平片显示肾区有单个或多个圆形、卵圆形或钝三角形致密影，密度高而均匀。边缘多光滑，但也有不光滑呈桑葚状。肾是泌尿系形成结石的主要部位，其他任何部位的结石都可以原发于肾脏，输尿管结石几乎均来自肾脏，而且肾结石比其他任何部位结石更易直接损伤肾脏，因此早期诊断和治疗非常重要。

正因如此，世界各国的科研小组一直不断致力于研制第一代医用医学纳米机器人。这些机器人小至 1 毫米，大至 2 厘米，但目前都处于试验阶段。未来几年内，医学纳米机器人将可能带来一场医学革命。医生可以利用细菌般大小的机器人来治疗从心脏病到癌症的各种疾病，那些机器人将比目前的机器人要小得多。它们可以单独或者成组工作，来根除疾病或处理其他状况。有人相信，未来会出现一种半自动的医学纳米机器人，通过植入人体，定期为人类检查身体，以应对一些突发疾病。和此前那些应急治疗不同，这种机器人将永远留在病人体内。

医学纳米机器人技术的另一项应用潜能是，它可以再造人类的身体，使人百病不侵，增强人类体能，甚至提高人类的智商。这听上去很熟悉，不是

吗？争议不断的干细胞和克隆技术正是同一思路。理查德·汤普森博士过去是一位伦理学教授，曾撰文讨论纳米技术的伦理寓意。他认为最重要的工具是传播，社区、医疗组织以及政府必须趁纳米工业尚处于起步阶段深入研究其可能带来的影响，这一点十分关键。

基础小知识

### 关于智商的解说

智商就是智力商数。智力通常叫智慧，也叫智能。是人们认识客观事物并运用知识解决实际问题的能力。智力包括多个方面，如观察力、记忆力、想象力、分析判断能力、思维能力、应变能力等。智力的高低通常用智力商数来表示，用以标示智力发展水平。

会有那么一天，成千上万的微型机器人在我们的血脉中穿梭，为我们调整机能、治疗伤口甚至疾病吗？有了纳米技术，这一天看上去并不遥远。

## 纳米时代的到来是福还是祸

不过究竟什么才算是纳米产品？投入巨资进行纳米技术研究的国外大型企业，如摩托罗拉、通用电器、IBM 等，非常谨慎地避免在一些明明使用了纳米银、碳纳米管等纳米材料的产品上张贴“纳米产品”标签；位于休斯敦的纳米材料权威厂商 CNI 公司也表示，尽管人们已发现多种纳米材料，但距离产业化、应用化尚有很长的路要走。目前对纳米产品还没有专门的定义，但专家们普遍认为，真正意义上的纳米产品，应该是材料大小达到纳米范围，而且整个产品的属性要发生物理、化学的特殊改变。从这点上看，现在很多所谓的“纳米产品”，不过是借纳米概念进行炒作而已。

更值得注意的是，纳米材料的特性及生物活性，是由包括自身化学组成在内的尺寸、形状、溶剂、聚集程度等多方面的特征共同调控的，这使

得纳米材料在生命这一复杂体系中的表现更加扑朔迷离，可能发生不可预知的变化，传统的产品安全标准不再适用。尤其是纳米材料具有小尺寸效应、量子效应和表面积大等特殊的物理化学性质，各国科学家都开始考虑纳米颗粒进入环境或生物体后是否会有新的反应，是否会产生新的影响，并为此进行了大量的实验研究。这也是大型企业对推广纳米产品保持谨慎的原因。

中国科学院纳米生物效应与安全实验室主任赵宇亮研究员介绍说："国际上从2004年开始广泛关注纳米材料可能产生的毒副作用，并不断有各种研究报告问世。到目前为止，生活中还没有纳米材料所产生的不安全个例。"

国家纳米科学中心梁兴杰研究员认为，因为环境中存在了天然的和工业生产所带来的纳米颗粒，如柴油车尾气、工厂烟囱排出的废气等。一方面，纳米颗粒可能比常规颗粒存在时间更长，清理更困难；但另一方面，可以利用纳米技术治理环境污染，比如采用某些纳米材料制造先进的过滤器用以治理水污染。这就是典型的具有两面性的纳米技术。



## ◎纳米安全，各国都很重视

科学家们也预测了纳米技术在未来的应用更广泛：纳米技术可以操纵原子，而任何物质都是由原子构成的，因此原则上应用纳米技术就可组合出各种物质，甚至实现自身的复制。此外医学纳米机器人将昼夜不歇地在人体各角落"巡逻"，自动清除多余的脂肪、毒素或者治疗创伤。然而英国《自然—纳米技术》杂志公布对全球400名著名科学家的调查，科学家们承认，他们比普通人更害怕纳米技术和基因工程。新西伯利亚大学教授

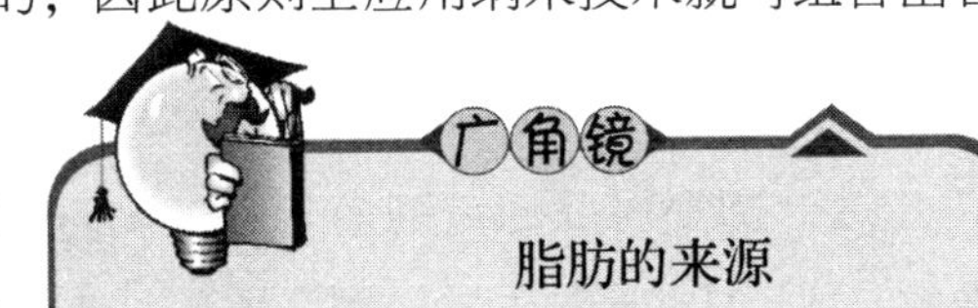


**脂肪的来源**

脂肪的主要来源是烹调用油脂和食物本身所含的油脂。一般食物中的脂肪含量，果仁脂肪含量最高，各种肉类居中，米、面、蔬菜、水果中含量很少。

阿布拉米扬说："如果未来分解工业肥料的纳米装置发生故障，将会摧毁所有保证人类生存的物质。"太阳微电子公司的比尔·乔伊担心，一旦能自我复制的医学纳米机器人失控，地球最终将被它们统统变成自己的同类。

对此，美国国家科学基金会宣布，在未来 5 年内将提供 1200 万美元作为经费研究纳米技术安全问题。美国将皮肤对纳米材料的吸附、吸收纳米颗粒或释放以后造成的环境污染物等问题列为纳米研究领域的重点研究对象。美国、日本等政府相继组织力量，在国家层面上启动了系统的纳米安全性研究计划，研究纳米材料与生命过程的相互作用以及对健康的影响。我国科学家也在国家"973"计划等的支持下，开展了多项纳米安全性研究。中科院高能物理所多学科中心的"纳米生物效应与安全性实验室"主任赵宇亮说："纳米安全性是前瞻性的研究，吸取人类科学技术发展史上的诸多教训，旨在尽量减少发展前沿科技的代价，使新兴科学技术为人类带来更大益处。"

## 纳米科技与人类文明

### ◎ 重塑人类文明

想象一下这样的世界：人类不再生病，不再有年龄；房屋自我清洁、维修、照明和保温；甚至连货币都失去了意义，因为每个人想要什么就有什么。

这一切都可以通过纳米技术实现。从微米技术发展到纳米技术使科学家可以操控原子。由于所有物体都是原子在一定空间内结合产生的，所以改变这些原子的排列顺序就可以组合出任何物体。想象一个微波炉大小的仪器：从一边倒入原料，另一边就会出现你想要的任何东西——从回形针到电脑。不仅如此，还将出现拥有

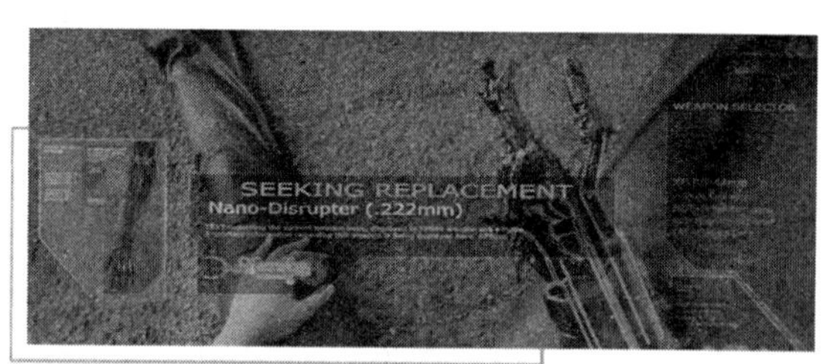

纳米科技与人类文明的思索

自我复制功能的纳米装置。比如，你想要一辆汽车，只需要在这台装置上设定好结构参数，它马上就会在你眼前复制出一辆汽车。

俄罗斯纳米技术研究所资深研究员尼古拉·斯米尔诺夫表示，第一台纳米机器的价格肯定非常高昂，但过不了多久，它们就会变得让任何人都买得起。电话、电视和电脑都经历了这个过程。但纳米技术和之前的发明有着很大的区别。工业产品将成为第一个牺牲品。因为它将很快失去价值。到那时，有交易价值的东西只有信息和方案。

纳米技术将改变整个人类文明。五千年来，我们一直为衣食住行而忙碌。在未来，人类将告别这种“低级的生活方式”，从事任何想要的创造工作。这种社会变革的结果是如今难以想象的。比如，小偷将会消失，因为物质已经丰富到失去了价值。唯一剩下的犯罪只可能与无法分享的情感有关，因为遗传学也弄不明白如此玄妙的东西。这样一来，军队、警察、政府甚至国家都将面临是否要存在下去的问题。

人类克隆是遗传学在伦理方面最受争议的问题。克隆绵羊多莉的病死辜负了人类的希望。但克隆技术仍在悄悄地发展。第一批克隆器官和克隆人完全有可能在不久的将来问世。



## ◎ 颠覆生命规律

尼古拉·斯米尔诺夫表示，在21世纪中叶，当纳米技术与基因工程结合之后，人类青春永驻的梦想可能成为现实。只要在婴儿出生时把纳米装置植入体内，就可以控制他一生的身体状态。一个肉眼看不见的“医生”将一直在我们身体里巡逻，通过血液和淋巴把多余的脂肪、毒素

### 关于克隆

原意是指以幼苗或嫩枝插条，以无性繁殖或营养繁殖的方式培育植物，如扦插和嫁接。在大陆译为“无性繁殖”在台湾与港澳一般意译为复制或转殖或群殖。中文也有更加确切的词表达克隆：“无性繁殖”、“无性系化”以及“纯系化”。

和胆固醇自动清理出人体。身体出现一点危险，他们都会迅速制定出方案以修复受损的器官、组织和细胞。到那时，所有遗传疾病都将可以治愈，人类甚至可能获得永生。

通过克隆技术，父母可以替自己未来的孩子选择外貌、性格和特长。但科学家并不能保证创造出天才。如今，这被认为是遗传学最有前景、但也最令人恐惧的研究方向之一：有多少父母愿意“设计”自己的后代？要知道，经过基因设计的孩子很难被称为是父母的骨肉：与继承父母近90%基因的普通孩子相比，他们与其说是父母的孩子，倒不如说是遗传学的孩子。

如今，纳米技术和遗传学的专家正致力于研究如何在宇宙中生存。之前，科学家研究的是如何把其他星球改造得适合人类居住。而现在，他们又提出了新的任务：如何改造人，以便使他们能够在其他星球居住。要知道，这比改造整个星球容易得多。只要改变了人体结构，他们就可以在火星、月亮等任何想要的地方居住。到那时，“人类”的概念将彻底改变：地球上将出现新的生命体——人的后代。

基础小知识

### 遗　传

遗传是指经由基因的传递，使后代获得亲代的特征。遗传学是研究此一现象的学科，目前已知地球上现存的生命主要是以DNA作为遗传物质。除了遗传之外，决定生物特征的因素还有环境，以及环境与遗传的交互作用。

这种被设计的后代，人们对其担忧是当然的。但是，一切事物都是利弊共存的，在纳米科技时代到来的同时，我们也该取其精华去其糟粕，相信人类文明不会因为纳米科技的冲击而迷失甚至混乱。让纳米科技为我们打造一个更便利、更文明的新时代！